# 自動車部品メーカー取引の法律実務

Legal practice of transactions for auto parts manufacturers

オリンピア法律事務所
和田圭介
杉谷 聡
【編著】

中央経済社

# はじめに

「尾張名古屋は城でもつ」という言葉があります。この「もつ」は「保つ」という意味だそうです。尾張名古屋は城のおかげで保つ，つまりは繁栄しているという意味なのでしょう。筆者らが所属するオリンピア法律事務所は，愛知県にあります。この愛知県の経済を見ると，「愛知県は自動車でもつ」といっても過言ではないほど，自動車業界の企業によって支えられているという状況になっています。

筆者らが所属するオリンピア法律事務所は，2017年２月に設立された愛知県名古屋に拠点を置く法律事務所です。2023年４月時点の弁護士の所属人数は16人であり，地方の法律事務所にしては珍しく所属弁護士がそれぞれの得意分野を持つことを特色としています。愛知県，中部地域は製造業が多い土地柄もあり，筆者らが日々接するクライアントも製造業に従事する企業が多くなっています。特に，愛知県では豊田市にトヨタ自動車があり，隣の静岡県浜松市にスズキがあるため，自動車産業の極めて広くて深い集積がある地域となっています。また，製造業以外のクライアントであっても，自動車業界に関わりのあるクライアントは少なくありません。

自動車産業の特徴は，裾野の広いピラミッド構造のサプライチェーンが確立されて，多くの自動車部品メーカーを必要とするところです。この地域の完成車メーカーは，2000年以降，他の業界の日本企業が世界的なシェアを落としてきた中にあって，数少ない世界的な勝ち組として残ってきた企業です。この完成車メーカーの成長に伴い，この地域の自動車部品メーカーも成長を続けてきました。そのため，中部地域の経済は底堅い成長をしてきたといえると思います。

しかしながら，自動車業界は「CASE」というキーワードに象徴されるように，「100年に一度の大変革期」に入ったといわれています。約100年前，米国に1,500万頭いたとされる馬は，現在では1,500万台の自動車にすべて置き換わりました。20世紀初頭，ヘンリー・フォード氏がベルトコンベアを用いた大量生産によって低価格化を図った「フォードＴ型」自動車を生み出して以降，自動車業界は着実な成長を続けてきました。その中で，内燃機関を軸とした自動車の技術開発が絶え間なく行われてきましたし，人間が車を運転するという仕組みに変化はありませんでした。しかし，現在，環境保護や脱炭素化に対する関心が高まった結果，ガソリン自動車やディーゼル自動車から電気自動車への転換が急速に行われつつあります。また，AIやIoTなどの最先端技術の進歩により，今後は完全な自動運転が実現する可能性があります。もし日本の完成車メーカーがこの世界的な潮流での競争に負けてしまった場合には，日本の産業の大きな部分を占める自動車産業及びそれに携わる人にとって深刻な打撃となることが予想されます。その場合には，愛知県も，かつては自動車産業で隆盛を極めたものの2013年に財政破綻をしてしまった米国ミシガン州南東部のデトロイトと同じ轍を踏むかもしれません。

本書は，現在の自動車業界の状況を概観しつつ，そこで生じる法律問題について検討を行ったものです。これまでの自動車部品のサプライチェーンでは長期的な関係のもとで取引が行われてきたため，製品の納入遅延や製品の不具合が起きたとしても，厳格な責任を問うのではなく，取引業者間の関係性の中で妥当な決着が図られることが多かったように思われます。しかしながら，現在の取引環境では，損失を負担する場合でも一定の法律的な整理をもとに行わなければ，ステークホルダーの理解が得られなくなっているように思われます。また，今後，新しい取引先，特に海外の企業と取引を行い始めると，これまでのような阿吽の解決を期待することはできず，適切な契約を締結する必要が出てくることが予想されます。

自動車業界は，先鋭化する紛争が避けられてきたことにより，公開された裁判例や学術書が多くある分野ではありません。本書は，そういった状況を踏まえつつ，筆者らがこの分野の各種の法律問題について，私見ではありながら一定の回答を出そうと試みたものになります。自動車業界は裾野の広い業界であるため，筆者らの知っている事例は限定的なものにとどまるところもあります。

そのため，今後もさまざまな方からのご意見をお伺いしながら，さらに研究を深めていきたいと考えております。

なお，本書中の意見にわたる部分は各執筆者の現時点における個人的見解であり，筆者らの所属するオリンピア法律事務所の見解ではありませんが，執筆にあたり当事務所の同僚弁護士やこの地域の自動車業界で働く多くの方から貴重なアドバイスをいただいたことをここに記し，感謝の意を表します。また，本書の刊行にご尽力いただいた中央経済社の石井直人氏と川上哲也氏に対し，心から御礼を申し上げます。

2023年４月

執筆者を代表して　和田圭介

# 目　次

はじめに …… 3

1．自動車産業の特色 —— 11
1.1 自動車産業の構造・特徴 …… 12
1.2 自動車の生産方式 …… 21
1.3 自動車部品の特徴 …… 27

2．自動車部品サプライヤーの関連法令 —— 29
2.1 道路運送車両法と保安基準 …… 30
2.2 自動車と環境規制 …… 36
2.3 道路交通関連法令 …… 40
2.4 製造物責任法 …… 47
2.5 下請法 …… 57
2.6 コンプライアンスの強化と不祥事の予防 …… 71

3．受注（顧客との関係） —— 87
3.1 発注書・契約書のない注文 …… 88
3.2 部品の採用まで …… 94
3.3 仕様の確定・仕様変更 …… 101
3.4 生産計画 …… 106
3.5 発注内示 …… 112
3.6 支給材 …… 117

3.7 カスタマイズ部品 …… 124
3.8 補給用部品 …… 128
3.9 リベート …… 135
3.10 不可抗力 …… 141
3.11 納品先の信用不安 …… 147

4. 開　発 —— 157
4.1 知的財産の権利関係 …… 158
4.2 図面の管理（営業秘密） …… 164
4.3 職務発明と知的財産リスク …… 169

5. 調　達 —— 177
5.1 下請法の遵守 …… 178
5.2 検収・受入検査 …… 187
5.3 調達先の信用不安 …… 194
5.4 継続的契約の解消 …… 201

6. 保証・責任 —— 209
6.1 不適合品 …… 210
6.2 保証期間 …… 217
6.3 リコール …… 220
6.4 知的財産権の侵害 …… 227
6.5 製造物責任 …… 231

## コラム

1 自動車の電動化 …… 18
2 自動運転技術の現在 …… 33
3 カーボンニュートラルと自動車産業 …… 38
4 自動運転をめぐる道路交通ルール …… 42
5 自動車の進化と交通事故 …… 45
6 買いたたき規制と公表 …… 67
7 自動車業界の不祥事と再発防止策 …… 81
8 海外子会社の管理 …… 84
9 偽装請負 …… 185
10 海外からの調達 …… 199
11 サイバー攻撃の脅威と備え …… 206
12 海外PL法 …… 237
13 ビジネスと人権 …… 239
14 部品サプライヤーのM&A …… 241

索 引／243

# 1. 自動車産業の特色

本章では，自動車産業の構造・特徴を概観した後，トヨタ自動車の新車開発を例として，自動車の生産方式について解説します。また，自動車部品の特徴をまとめ，法務リスクを検討するのに必要な知識をまとめました。

自動車産業は，自動車及び自動車部品の生産，販売，利用，整備に関連した裾野の広いバリューチェーンを構築しています。自動車産業は，日本国内において，全製造業の出荷額の約20%のシェアを占める基幹産業です。現状，日本の主要完成車メーカーは，長期間故障なく乗れるなどの評価を得て，海外でも競争力を持つ製品として日本の国際競争力の最後の砦となっています。

しかし，現在，自動車業界は，「100年に一度の大変革期」にあります。その構造的変化は，「CASE」（Connected（コネクテッド），Autonomous／Automated（自動化），Shared（シェアリング），Electric（電動化））と呼ばれ，大きな地殻変動を起こしています。既存のメーカーだけでなく，テスラなどの新しい完成車メーカーも加わって，次世代型自動車の覇権をどこが握るのかという熾烈な競争が起きています。

新しい自動車の開発は，長いプロジェクトでは販売の３～４年前から始まります。自動車の開発は，企画⇒試作⇒量産準備⇒量産という長期間のプロセスを経ることになります。その過程で，製品・部品は何度も何度も変更されることになるため，発注者と受注者の間の認識に齟齬があると思わぬ損失が発生する可能性があります。そのようなことが起きないように緊密なコミュニケーションと適時の書面化が必要となります。

自動車部品の取引では，一つでも部品が揃わないと自動車が完成できないため，納期が極めて重要となります。また，現在の最重要トレンドとして，電気自動車への移行により，不要となる部品や新たに必要となる部品があり，サプライヤーの地殻変動が起きていることが挙げられます。さらに，自動車は使用期間が長いため，部品の性能に関して極めて高い水準が要求されることになります。

# 1.1 自動車産業の構造・特徴

## 1 自動車産業とサプライチェーン

自動車産業とは，自動車及び自動車部品の生産，販売，利用，整備に関連した産業をいいます[1]。

自動車業界は，完成品である自動車を開発設計・製造する完成車メーカーと，そのための部品を製造する部品メーカーで成り立っています。一般的な部品メーカーは，１社当たりの事業規模が完成車メーカーに比べると相対的に小さく，会社数も多く，かつ特定の部品に特化した専業事業を営んでいます。これに対して，完成車メーカーは，自動車の新規開発とエンジンや車体などの中核パーツを製造し，多数のサプライヤーから部品供給を受けて，自動車を組み立てることが一般的です[2]。そして，部品サプライヤーもその下請である２次サプライヤー，３次サプライヤーに支えられています。

このように自動車業界は，重層的なピラミッド構造となっています。自動車産業で使用される資材は，電気機械器具，非鉄金属，鉄鋼，化学品，繊維，石油，プラスチック，ゴム，ガラス，電子部品，ソフトウェア等と多岐にわたり，さまざまな産業に高い技術を求めることから，総合産業といわれています。

---

1 EY新日本有限責任監査法人自動車セクター「自動車産業　第１回：自動車産業の概況」 https://www.ey.com/ja_jp/corporate-accounting/industries/automotive-transportation/industries-automotive-transportation-automotive-2021-03-29-01

2 EY新日本有限責任監査法人自動車セクター・前掲注１

【図表】自動車製造業のバリューチェーン

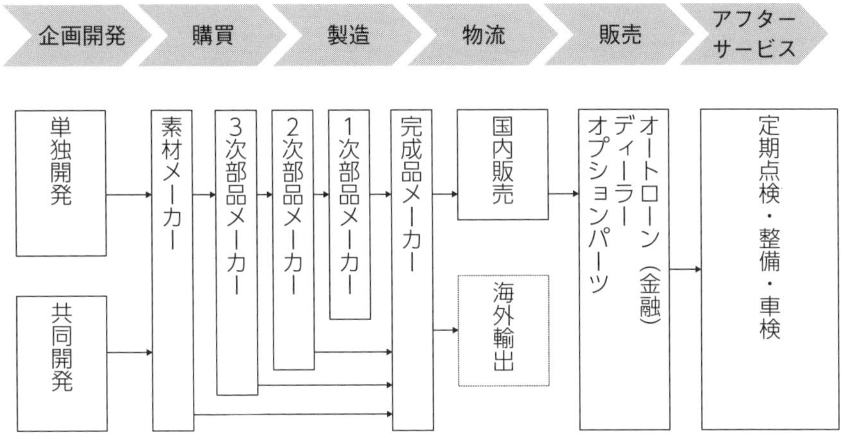


（出所）リスクモンスター株式会社　業界レポート「輸送用機械器具製造業」を参考に作成

製造された自動車は，それを販売する自動車ディーラー，購入のための自動車ローンを提供する自動車金融業者によって広く消費者に届けられます。また，製造された自動車を利用して事業を行う貨物運送業者，旅客運送業者やレンタカー業者があります。さらに，関連部門として，ガソリンステーションの運営者，損害保険の提供者，駐車場の運営業者等があり，また，自動車の部品を販売する業者や，自動車を整備する業者もあります。

このように自動車産業は，資材調達・製造をはじめ販売・整備・運送などの各分野にわたる広範な関連産業を持つ総合産業です[3]。

## 2　日本の自動車産業

日本の自動車産業は，国内全製造業出荷額の約20%のシェア（60兆円）[4]を占めており，主要商品の輸出額としても17.7%（14.7兆円）を占めています。

3　一般社団法人日本自動車工業会HP「基幹産業としての自動車製造業」
https://www.jama.or.jp/statistics/facts/industry/index.html

4　日本自動車工業会・前掲注3

自動車関連産業に直接・間接に従事する就業人口は，日本の全就業人口の8.3%（約552万人）にのぼり[5]，日本国内の基幹産業といえます。

国内の四輪車生産台数は，785万台（2021年）で，2012年から2019年までは毎年900万台から1,000万台近くあったことからすると減少傾向です[6]。また，国内の四輪車販売台数は，445万台（2021年）で，2012年から2019年までは（2016年を除き）毎年500万台を超えていたことからするとこちらも減少傾向です[7]。これらの数字はCOVID-19やその影響を受けた極度の半導体不足の影響を受けている可能性がありますが，日本社会の高齢化，若年層の車離れを踏まえると，自動車の利用方法に大幅な変革がなされない限り，今後国内の自動車販売台数は減少するものと予測されます。

国内の四輪車保有台数は，7,845万台（2021年）で，乗用車の平均使用年数は，13.87年（なお，トラックは15.73年，バスは18.38年。いずれも2021年）となっています[8]。

日本の主要完成車メーカーは10社（トヨタ自動車，ダイハツ工業，日野自動車，スズキ，SUBARU，マツダ，いすゞ自動車，本田技研工業，日産自動車，三菱自動車工業）であり，海外と比較しても多いといえます。ただし，この中でも，トヨタ自動車はダイハツ工業を完全子会社化するなど６社と資本提携・業務提携しており，フランスのルノーと資本提携・業務提携している日産自動車とその傘下にある三菱自動車工業，独自路線の本田技研工業と三つのグループに集約されてきています。また，日本の完成車メーカーの世界生産台数は，2000年から2019年までの20年間で，1,643万台から2,854万台と73.7%増加しています[9]。このうちの多くは海外生産の増加分です。日本の自動車は，他国の自動車と比べても，燃費がよい，長期間故障なく乗れるなどの評判を得て，海外でも競争

5　日本自動車工業会・前掲注３
6　一般社団法人日本自動車工業会「日本の自動車工業2022」４頁
https://www.jama.or.jp/library/publish/mioj/ebook/2022/MIoJ2022_j.pdf
7　日本自動車工業会・前掲注６）５頁
8　日本自動車工業会・前掲注６）７頁
9　日本自動車工業会・前掲注６）４頁，24頁

力を持つ製品として日本の国際競争力の最後の砦となっています。

他方，部品メーカーは，規模感で見ると，２次サプライヤーで年商20億円・従業員数75人，３次サプライヤーで年商７億円・従業員数50人，４次サプライヤーで年商５億円・従業員数30人という平均値になっています[10]。

## 3　世界の自動車産業

世界全体の四輪車生産台数は8,015万台（2021年），四輪車販売台数は8,268万台（2021年），四輪車保有台数は15億3,526万台（2020年）です[11]。

この中でも，中国での生産台数・販売台数がそれぞれ2,608万台（2021年），2,627万台（2021年），アメリカでの生産台数・販売台数がそれぞれ917万台（2021年），1,541万台（2021年）であり，これらが現在の２大市場といえます。しかし，今後経済成長が見込まれる発展途上国での台数の伸びも無視できません。

海外の主要完成車メーカーは，アメリカのビッグスリー（ゼネラル・モーターズ（GM），フォード・モーター，クライスラー（ステランティス）），ドイツの５大メーカー（メルセデス・ベンツ，BMW，アウディ，フォルクスワーゲン（VW），ポルシェ），フランスのルノー，韓国の現代自動車（ヒョンデ）などがあります。これらに加えて，電気自動車で有名なアメリカのテスラ，中国のBYD等が拡大してきています。

## 4　近時の自動車業界における大きなトレンド（CASE）

現在，自動車業界は，「100年に一度の大変革期」といわれており，その構造的変化は，「CASE」と呼ばれています。CASEとは，自動車の将来トレンドに対する考え方を示した言葉で，それぞれConnected（コネクテッド），Autonomous／Automated（自動化），Shared（シェアリング），Electric（電動

10　M&Aキャピタルパートナーズ株式会社HP「業界別M&A動向 自動車業界のM&A動向」https://www.ma-cp.com/gyou/d5/c31/
11　日本自動車工業会・前掲注６）26-28頁

化）を意味します。

自動車のCASE対応により，たとえば，以下のような観点で，ユーザーが自動車から得られる価値が大きく変わろうとしています[12]。

C：自動車が通信機能を備えて外部と通信を行うことで情報サービスを受けること
A：自動運転により乗員による運転操作を減じることで，乗員の負荷の軽減や交通の安全性・効率性を高めること
S：自動車の共同使用により交通資源の効率的な利用を実現すること
E：自動車の電動化により地球環境への負荷の軽減が期待されること

Connectedの領域では，カーナビやアプリにおいてIoT活用による「相互接続」を実現しています。今後，通信速度が大幅に向上する５Gが普及すればさらに便利なサービスが出てくるものと思われます。

Autonomousの領域では，自動運転が挙げられます。現状，米国自動車技術者協会（SAE；Society of Automotive Engineers）が定めた自動運転レベル３の「条件付自動運転車（限定領域）：決められた条件下で，すべての運転操作を自動化。ただし運転自動化システム作動中も，システムからの要請でドライバーはいつでも運転に戻れなければならない。」まで実車化が進んでいます。

今後，完全自動運転（ドライバーが運転しなくてよい状態）が実現するためには，センサー類やAI等の自動運転技術のさらなる進化が必要です。クルマの周囲の状況を把握するために重要な高精度３D地図の整備，また既存の車両との混走時の交通ルールの検討，さらには事故の際の責任関係の整理等，解決するべき課題はたくさん残っています。そのため，完全自動運転が実現するにはまだ相応の時間がかかると考えられています[13]。

12　EY新日本有限責任監査法人自動車セクター・前掲注１
13　一般社団法人日本自動車連盟（JAF）HP「［Q］自動運転はどこまで進んでいますか？」https://jaf.or.jp/common/kuruma-qa/category-construction/subcategory-structure/faq083

Sharedの領域では，自動車の「所有」から「利用・共有」への転換が提唱されています。日本国内ではタクシー規制が障害となっていますが，アメリカのUberや中国のDiDi，シンガポールのGrabのように海外ではライドシェアが広く普及してきています。

Electricの領域では，環境保護や脱炭素化に対する関心を背景として，ガソリン自動車やディーゼル自動車から電気自動車（EV）への大幅な転換が起き始めています。

## コラム1　自動車の電動化

「CASE」の中でも「E：電動化」は，特に自動車部品メーカーに大きな影響を与えるといわれています。

これまで販売されてきた自動車の多くは，ガソリン車・ディーゼル車であり，内燃機関（エンジン）を搭載して，自動車内部でガソリン・軽油を燃焼させて駆動力を得て走行するものでした。現在の日本でも，路上を走行する自動車の多くは，石油燃料を主な動力源としています。

他方，電気で動くモーターの駆動力によって走行する自動車を，一般に，「電動車」と呼んでいます。自動車の電動化技術には，以下のように，複数の方法があります。

**①　電気自動車（EV）**

電気自動車（EV）は，電動車の代表例といえるものです。ガソリン車と比較すると，燃料タンクの代わりに電気をためるバッテリー（蓄電池）を搭載し，エンジンの代わりに電気で動くモーターから駆動力を得て走行する点に特徴があります。バッテリーにためた電気で駆動する自動車は，航続距離に課題があるとされていましたが，エネルギー密度が高いリチウムイオン電池の登場により，航続距離が伸び，電気自動車が普及するきっかけとなりました。

**②　燃料電池自動車（FCV）**

燃料電池自動車（FCV）も，電動車に分類されます。これは，自動車に搭載された燃料電池により，水素と酸素の化学反応を利用して発電し，発電した電気でモーターを動かして駆動力を得て走行するものです。

**③　プラグイン・ハイブリッド自動車（PHV）**

プラグイン・ハイブリッド自動車（PHV）は，モーターとエンジンをともに搭載し，外部からバッテリーを充電し，電気でモーターを回して走行することもできますし，ガソリンエンジンを使用して走行することもできる自動車です。電力のみによる走行が可能となっているため，電動車に分類されます。

**④　ハイブリッド自動車（HV）**

ハイブリッド自動車（HV）は，プラグイン・ハイブリッド自動車と同様にモーターとエンジンをともに搭載しており，動力源としてモーターを使用しています。そのため，日本では，電動車に分類することが多いようです。もっとも，ハイブリッド自動車は，モーターを動かすときにエンジンで発電した電気や減速時の回生エネルギーを使用するため，エンジンを使わないで電気とモーターのみで走行することはできません。そのため，国やメーカーによっては，ハイブリッド自動車を電動車として扱わない場合もあります。

自動車の電動化が進むとされる最大の理由は，端的にいえば，主要国において，カーボンニュートラル実現のための具体的な施策として，2030年代までにガソリン車・ディーゼル車の新車販売数を制限するという政策目標が掲げられていることにあります。この政策目標が予定どおり実現した場合，2030年代には，欧米や日本国内において，ガソリン車・ディーゼル車の新車販売が法律により制限されることになるのです。

主要国における自動車の電動化に関する政策動向は，以下のとおりです。

**①　日　本**

2021年１月の施政方針演説において，菅義偉首相（当時）が「2035年までに，新車販売で電動車100％を実現する」との目標を公表しました。この方針は，政府の「2050年カーボンニュートラルに伴うグリーン成長戦略」（2021年６月策定）として具体化されており，電動車には，電気自動車，燃料電池自動車，プラグイン・ハイブリッド自動車に加えて，ハイブリッド自動車を含むとされています。

また，東京都では，2020年12月に，小池百合子知事が都内で新車販売される乗用車について「2030年までに100％非ガソリン化する」との方針を示しています。

**②　Ｅ　Ｕ**

2023年２月，欧州議会が，2035年までにEU域内の27カ国において石油燃料を使用するエンジン車の新車販売を禁止するという法案を採択しました。販売禁止の対象は，通常のガソリン車・ディーゼル車のみならず，ハイブリッド車及びプラグイン・ハイブリッド車を含むとされています。

**③　アメリカ合衆国**

2021年８月，バイデン大統領が「2030年までに新車販売される乗用車及びトラックの50％を電動車（電気自動車，燃料電池自動車，プラグイン・ハイブリッド自動車）とする」という内容の大統領令に署名しています。

また，カリフォルニア州では，2022年８月，州内でのガソリン車やハイブリッド車の新車販売を2035年以降禁止する規制案を決定したと公表されています。同年９月には，ニューヨーク州でも同様の規制を行う旨の方針が発表されています。

**④ 中　国**

2020年10月，2035年までに新車販売数の50％を新エネルギー車（電気自動車，燃料電池自動車，プラグイン・ハイブリッド自動車）とし，残りの50％をハイブリッド自動車とする方針が発表されています。

このような国際動向を踏まえ，現在，世界中の完成車メーカーは，電動車の開発を進めています。「EVシフト」と呼ばれる自動車産業の電動化への移行は，自動車の製造に必要となる技術・部品の変化を伴うものであり，自動車部品メーカーにとって大きな経営課題となります（詳しくは，**1.3**を参照）。

また，電動化の背景にあるカーボンニュートラルまで視野を広げると，自動車部品メーカーへの影響はより大きなものとなるのです（詳しくは，コラム３「カーボンニュートラルと自動車産業」を参照）。

# 1.2 自動車の生産方式

## 1　新しい自動車の開発・量産までの工程[1]

### (1)　企画，車両デザイン段階

新しい自動車の開発に入るのは，実際に販売する３～４年前からです[2]。そのため，完成時の消費者の要望・好みや，社会の流行・変化を予測しながら新しい自動車を企画します。新しい車両開発構想をもとにデザイン・構造が決定され，これをもとに要求性能と目標原価が決定されます。

要求性能や目標原価が決定される時期から完成車メーカーによる１次サプライヤーの選定が開始されます。完成車メーカーからの要求を受けて，１次サプライヤーからのプレゼンテーションがなされます。このプロセスの中で，見積依頼，サンプル品評価等が行われ，候補にのぼった１次サプライヤーの品質，原価，納入・生産対応力，技術力，経営状況を総合的に評価し，試作サプライヤーが選定されます。

### (2)　試作段階

新車の開発にあたって新機能が搭載される場合は，さまざまな技術課題が発生しますが，それらをクリアしながら実際に車両の図面化が進みます。CAE (Computer Aided Engineering) やシミュレータなどのコンピュータを使った

1　トヨタ自動車株式会社HP「クルマができるまで」(https://global.toyota/jp/kids/how-are-cars-made/process/)，ITmedia HP「新車開発は時間との戦い，サプライヤーも参加する怒涛の試作イベント」(https://monoist.itmedia.co.jp/mn/articles/2006/22/news011.html)，財団法人九州地域産業活性化センター「九州の自動車産業を中心とした機械製造業の実態及び東アジアとの連携強化によるグローバル戦略のあり方に関する調査研究」等を参照。新車開発の期間やプロセス等は，完成車メーカーごとに異なりますが，本書ではトヨタ自動車の開発プロセスを例として説明します。

2　フルモデルチェンジを想定した期間であり，完成車メーカーはこの期間を短縮しようと常に努力をしています。また，既存車種を活用して（同一のエンジン，プラットフォームをベースとして）派生車種を開発するケースでは，これより短くなります。

シミュレーションも活用されます。ただ，CAEやシミュレータでうまく機能していても，実際の車両で性能が出るのかは実物で評価しないとわかりません。そのため，試作車が製作され，試験が実施され本当に製品として成り立つのか性能を評価します。

１次サプライヤーは合意されたスケジュールに沿って試作品を開発し，完成車メーカーにおける性能・機能評価，品質・作りやすさ・組み付け作業性評価を受けます。技術評価，目標原価の達成状況により改良が必要な場合，双方が原因追求，対策立案を行い，再度設計・試作・評価が行われます。完成車メーカーの承認後，量産ベースの原価見積もりが行われます。

人の命を預かるクルマには高い品質が求められますが，同時に毎月数千台を作り出す安定した生産能力や，企業として利益を出すことも必要です。生産準備では，高い品質と生産性，低コスト，これらを同時に成立させる製造ラインの準備，品質や原価の作り込みを行います。

試作品は，車両の耐久評価，試験などに使用し，ごく少量を開発の初期段階で使う部品です。基本的には図面の公差や規格を満たした部品であればよく，その工程については厳格に求められません。部品は試作用の金型で作られ，加工に関しても試作用のラインで特注品として加工されることが多いです。試作車はいろいろな厳しいテストを行い評価します。

そして，量産開始の18カ月前頃に最終試作評価が行われます。完成車メーカーはこの段階で問題を潰し込み，量産品の図面を作成します。

### (3) 量産準備・量産段階

試作段階での技術・コスト評価をもとに，採用車種，採用時期，生産量を勘案して量産手配が可能な１次サプライヤーに型発注が行われます。

本型品は量産金型で生産される製品です。本型品で実際の量産ラインで作られたものを「本型本工程品（Off tool Off process）」といいます。本型本工程品は低コストで大量生産する必要があり，耐久性の高い量産金型，量産製造ラインでの生産が必須です。また，ラインの中で性能，品質を保証するプロセスも要求されます。

量産開始の12カ月前には，性能確認車を製造します（CV；Clashed Vehicle）。設計の狙いどおりの性能が達成できているか，性能確認車を使って各種試験が行われます。また，工場での組立てが可能なのか，生産性も確認します。この段階では本型品が要求されます。

量産開始の６カ月前には，量産試作１A（１次号試）が行われます。本型や本工程品を使用して，完成車メーカーの実際の生産ラインで組付けが行われます。この際に量産時と同様の設備や金型が求められるので，サプライヤーはこのタイミングまでに生産準備を完了させておく必要があります。

量産開始の２カ月前は，量産（MPT；Mass Production Trial）確認です。１Aと同様に本型や本工程品を使用し，完成車メーカーの実際の生産ラインで組み付けられます。１Aよりも生産量を増やし，実際に長時間生産して問題がないかを確かめる「HVPT（High Volume Production Trial）」として行われることが多いです（分けられる場合もあります）。

量産開始の１カ月前は，品質確認です。本型や本工程品を使用して，実際に量産が始まる前に品質上の問題がないか最終チェックを行います。サプライヤーでは，完成車メーカーへの納入や部品準備の観点から，この段階で量産開始としている場合も多いです。量産開始（SOP；Start Of Production／LO；Line Off）になると，実際に生産ラインで車両が組み立てられます。開始数日は数量が少ないですが，徐々に数量が増え，サプライヤーはその需要に合わせて部品を供給する必要があります。

【図表】トヨタ自動車における自動車開発・部品調達プロセス

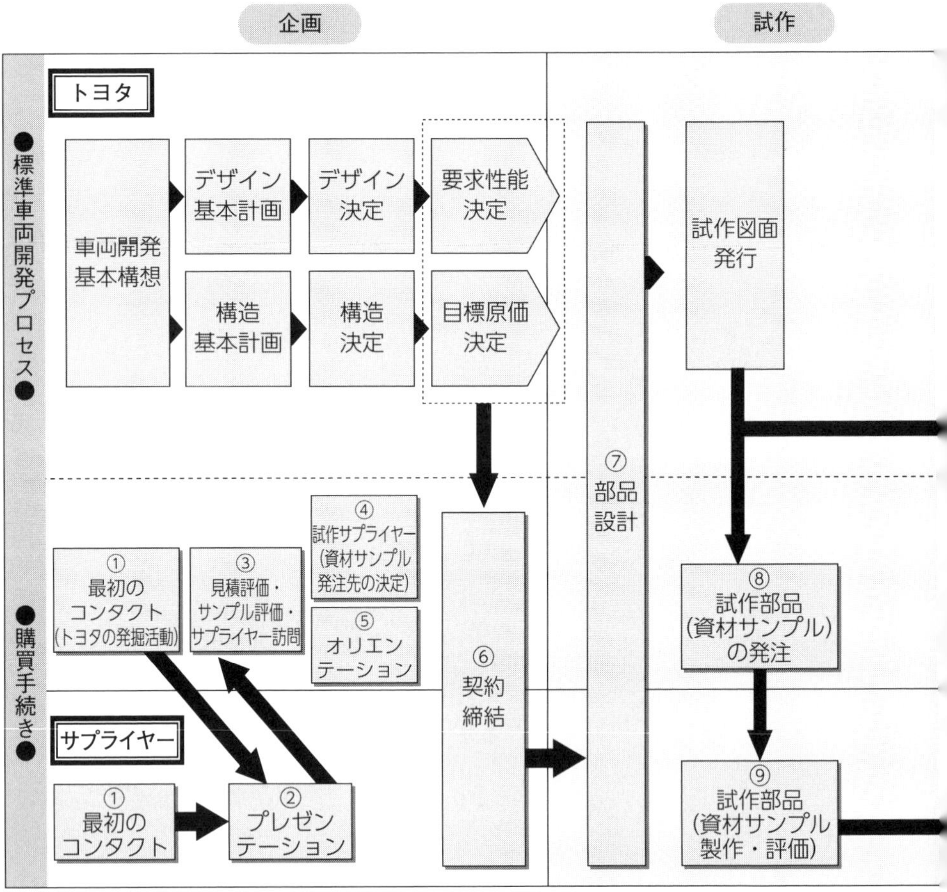


(出所) 藤本隆宏『生産マネジメント入門Ⅱ』141頁(日経BP・日本経済新聞出版，2001)に引用されているトヨタ自動車「サプライヤーズガイド」

(※) 公表されている資料は，1990年代から2000年代のものであり，最新のものではない点に注意されたい。

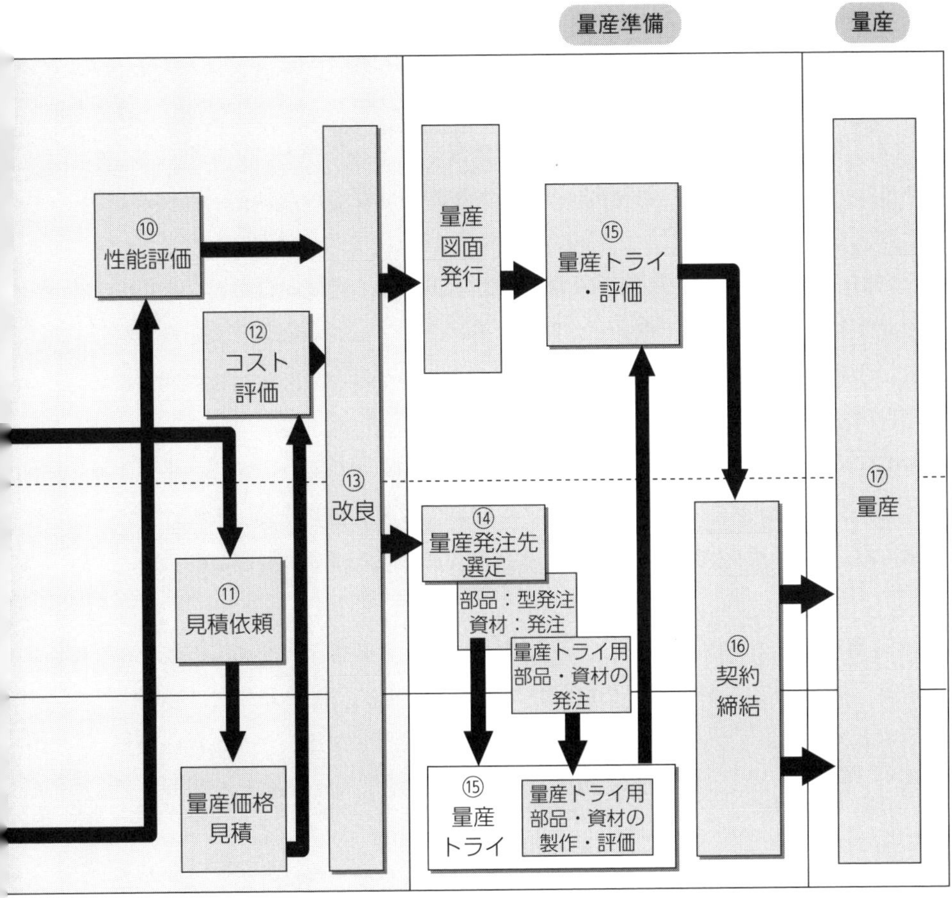
量産準備
量産
⑩
性能評価
⑫
コスト
評価
⑪
見積依頼
量産価格
見積
⑬
改良
量産
図面
発行
⑭
量産発注先
選定
部品：型発注
資材：発注
量産トライ用
部品・資材の
発注
⑮
量産トライ
・評価
⑮
量産
トライ
量産トライ用
部品・資材の
製作・評価
⑯
契約
締結
⑰
量産

## 2 トヨタ生産方式[3]

日本の代表的な完成車メーカーであるトヨタ自動車の生産方式は，トヨタ独自の効率的な「つくり方」の思想で，ムダを徹底的に排除する「トヨタ生産方式」として有名です。

トヨタ生産方式は，「異常が発生したら機械がただちに停止して，不良品を造らない」という考え方（自働化）と，各工程が必要なものだけを，流れるように停滞なく生産する考え方（ジャスト・イン・タイム）を二つの柱としています。

「自働化」とは，品質，設備に異常が起こった場合，機械が自ら異常を検知して止まり，不良品の発生を未然に防止することです。これにより人を機械の番人にする必要がなく，１人で多くの機械を受け持てるため，生産性の向上を図ることができます。

生産現場は，異常を検知してラインを止める機能をそれぞれの工程に応じて持っています。たとえば，無人運転ラインにおける刃具折れ検知，人の作業が主体の組立ラインでのひもスイッチ，部品選択における誤品取り出し防止などです。

「ジャスト・イン・タイム」とは，「必要なものを，必要なときに，必要なだけ造る（運ぶ）」ことが基本的な考え方です。この時に，何がどれだけ必要かを表す道具として「かんばん」が用いられます。部品サプライヤーを含めた前工程と一体になって，生産の停滞やムダのない「物と情報の流れ」を構築しています。

トヨタ生産方式では，人件費を削減でき，在庫量を最小限に抑えることができますが，平準化生産ができないと導入が難しく，在庫の欠品により生産ラインが停止するおそれがあります。また，近時，災害などのトラブルで生産ラインが止まることが起きているため，在庫量を拡大することや生産ラインの復旧を急ぐ体制を整備することでこれらのデメリットを抑えるようにしているようです。

---

3 トヨタ自動車株式会社HP「トヨタ生産方式」
https://global.toyota/jp/company/vision-and-philosophy/production-system/

# 1.3 自動車部品の特徴

自動車部品の取引を法的に考えるにあたって，特に以下の点が特徴となります。

## 1　納期の絶対性

ガソリン自動車は約３万点の部品から成り立っています。完成車メーカー内で作る部品は内製品と呼ばれ，その割合は30％程度です。残り約70％は自動車部品サプライヤーから納入されています。

１台の自動車を作るためには，これらの部品の一つでも欠けてはならないため，各サプライヤーは，自社の部品を適時にかつ不具合なく製造したうえで，納品先に納入をしなければなりません。特に，上記のようなジャスト・イン・タイム方式での納入が行われる場合には，納期の遵守が強く求められます。自動車部品の納入は，小ロットで１日に何便も配送することが珍しくないため，常に部品生産の平準化が求められます。

## 2　電気自動車への移行により不要となる部品・増える部品

「CASE」の技術革新のうち，部品サプライヤーに一番大きな影響を与えるのは，E（電動化）だと思われます。すなわち，内燃機関車のガソリン車やディーゼル車から電気自動車にシフトする中で，自動車に使われる部品の構成が大きく変化します。具体的には，内燃機関で使用されるエンジン部品や駆動に関する部品（トランスミッション部品）は数が減っていき，モーター・バッテリー部品などの電気で動く部品へと置き換わっていきます。

また，「CASE」のC（コネクテッド），A（自動運転）により，これまでハードウェアの開発が主体であった自動車は，今後ソフトウェア重視へ移行していくことになります。このため，半導体などの電子部品，情報関連部品の搭載量が多くなることが予想されます。

これらの減っていく部品を製造していた各部品サプライヤーは，この変化にどのように対応していくかを問われることになります。

## 3 部品への高い要求水準

上記のとおり，現在，乗用車の平均使用年数は13.87年となっています。ほとんどの自動車部品が交換されずにそのまま利用されることが多いため，それだけの長期間，不具合なく稼働するような品質の部品が求められます。

また，近時，自動車の開発では，製造コストの引下げや性能向上の効果を見込み，モジュール化（一定の組み付けられる部品を機能ごとにブロック化すること）することにより，部品の共通化が図られています。これにより，全く違う車種で同じ部品が使われるということが多くなっています。

このような状況のもと，一つの部品に設計上の不具合が生じた場合には，一つの車種だけでなく，複数の車種に影響が及ぶことになります。そのため，一つの部品で大規模なリコールが起きる可能性が増えているといえます。

# 2．自動車部品サプライヤーの関連法令

本章では，自動車部品の取引をめぐる法律実務に携わるにあたって知っておきたい法律の概要を解説します。

自動車は，人・物の輸送手段として，現代の私たちの生活に必要不可欠な役割を果たしていますが，同時に，交通事故や環境負荷という負の側面も有しています。こうした自動車の影響を踏まえ，自動車の普及に伴う弊害に対応するために，さまざまな法規制が行われています。これらの法規制の内容や法改正の動向は，自動車の性能や仕様に影響を及ぼすものであり，自動車部品サプライヤーにとっても関心事といえるでしょう。

また，自動車部品の取引という観点から見ると，一般的な商取引と比較して，製造した物に欠陥がある場合の責任や，下請取引に関する競争法の適用が特徴的です。自動車部品の取引をめぐる各種の法律問題への対応を考える前提として，民法・商法などの一般的な商取引に適用される法律以外の理解も深める必要があります。

# 2.1 道路運送車両法と保安基準

## 1 道路運送車両法に基づく自動車の安全性確保制度の概要

道路運送車両法は，道路交通の安全性確保と環境の保全を目的として，自動車の構造や装置に関する最低限の技術基準を定めています。この技術基準が，保安基準と呼ばれるものです。

道路運送車両法による自動車の構造・装置に関する規制は，保安基準を中心に整備されています。保安基準に適合しない自動車を運行の用に供することを禁止したうえで（道路運送車両法40条，41条），自動車の流通・使用の過程で保安基準に適合した状態が維持されるように各種制度を設けているのです。

## 2 保安基準

保安基準とは，道路運送車両法に基づいて定められる自動車の構造・装置，乗車定員・最大積載量（この他に原動機付自転車及び軽車両の構造・装置に関するものも含まれます。）に関する保安上又は公害防止その他の環境保全上の技術基準です。保安基準は，原則として，「構造及び装置が運行に十分堪え，操縦その他の使用のための作業に安全であるとともに，通行人その他に危害を与えないことを確保するものでなければならず，かつ，これにより製作者又は使用者に対し，自動車の製作又は使用について不当な制限を課することとなるものであってはならない」とされています（道路運送車両法46条）。

保安基準の具体的内容は委任命令によって定められており，さらに省令（道路運送車両の保安基準），細目告示（道路運送車両の保安基準の細目を定める告示），細目告示別添の三層構造をなしています。また，細目告示及び細目告示別添の中では，適宜，協定規則（自動車の装置ごとの安全・環境に関する基準の統一及び相互承認の実施を図ることを目的として，1958年に国連において採択された協定である「車両並びに車両への取付け又は車両における使用が可能な装置及び部品に係る統一的な技術上の要件の採択並びにこれらの要件に基づいて行われる認定の相互承認のための条件に関する協定」の付属規則）が引用されています。

## 3　新規検査・型式指定

自動車登録ファイルに登録されていない自動車を運行の用に供するときには，その自動車の使用者は，新規登録の申請と同時に，国土交通大臣に対し新規検査の申請を行うことが求められます（道路運送車両法59条）。新規検査では，自動車が保安基準に適合しているかどうかが検査され，適合すると認められた場合には自動車検査証が交付されます（道路運送車両法60条）。

新規検査は，道路を走行することになる自動車が保安基準に適合しているかどうかを確認する手続ですから，本来，自動車１台ごとに検査場へ持ち込んで実施することとされています。

もっとも，多くの自動車は，完成車メーカーにより同一の規格で大量に生産され，工場での完成検査を経て出荷されています。そこで，新規検査を合理化するため型式指定の制度（道路運送車両法75条）が設けられており，型式指定を受けた自動車のモデルについては，完成車メーカー等が完成検査を行うことと引換えに，１台ごとの検査を省略することになります。

完成車メーカー等が新型の自動車について型式指定を受けるためには，国土交通大臣に申請し，サンプル車両及び書面の審査を通じて自動車の構造，装置及び性能が保安基準に適合し，かつ，その自動車が均一性を有するものであるとの判定を受ける必要があります。完成車メーカー等は，型式指定を受けた自動車を販売する場合に，保安基準への適合性を検査する完成検査を行い，完成検査終了証を発行して，購入者に交付します。購入者は，新規検査にあたり完成検査終了証を提出することで，自動車の現車を検査場に持ち込む必要がなくなります。

型式指定に関する事務のうち保安基準の適合性の審査は，独立行政法人自動車技術総合機構に委託されています（道路運送車両法75条の５）。

## 4　点検整備，継続検査（車検）

自動車の使用者は，保安基準に適合する状態を維持するため，自動車の点検整備を行う必要があります（道路運送車両法47条）。点検整備には，自動車の利用状況に応じて適切な時期に目視等で行う日常点検整備と，法定の時期に行う定期点検整備があり，その内容は，自動車点検基準（省令）及び自動車の点検及び整備に関する手引（告示）において定められています。

新規検査時に交付される自動車検査証には，自動車の種類に応じて有効期間が定められており，有効期間の満了後も自動車の使用を継続する場合には，自動車検査証を提出して，国土交通大臣の継続検査（道路運送車両法62条）を受ける必要があります。この継続検査はいわゆる「車検」のことで，検査場に自動車を持ち込んで検査を受けることになります。自動車が保安基準に適合すると認められた場合には，新しい有効期間が記入された自動車検査証が返付されます。

## 5　リコール（改善措置）

完成車メーカー等は，自社が生産した同一型式の一定の範囲の自動車の構造，装置又は性能が保安基準に適合していない状態（そのおそれがあるときを含みます。）にあり，かつ，その原因が設計又は製作の過程にあると認める場合において，その自動車につき保安基準に適合させるための必要な改善措置を講じようとするときは，あらかじめ，国土交通大臣に装置の状況や原因，改善措置の内容等を届け出なければなりません（道路運送車両法63条の３）。

また，国土交通大臣は，一定の範囲の自動車について，事故が著しく生じている等によりその構造，装置又は性能が保安基準に適合していないおそれがあり，その原因が設計又は製作の過程にあると認めるときは，完成車メーカー等に対し，その自動車を保安基準に適合させるために必要な改善措置を講ずべきことを勧告することができます（道路運送車両法63条の２）。国土交通大臣は，完成車メーカー等がこの勧告に従わない場合には，その旨を公表することができ（同条４項），公表後も正当な理由なく勧告に従わない場合は，改善措置をとるべき旨の命令をすることができます（同条５項）。

## コラム2　自動運転技術の現在

自動運転技術の開発は古くから試みられてきましたが，ディープラーニング等の人工知能（AI）技術の進歩を受けて，2010年代以降，実用化につながる技術開発が本格化しました。

自動運転の技術水準を示す指標として，米国自動車技術者協会（SAE）が定めたレベル1からレベル5までの自動運転レベル（下表参照）が用いられることが一般的です。この自動運転レベルは，運転主体が人間のドライバーであるレベル1からレベル2までと，自動運転システムが作動している間は自動運転システムが運転主体となるレベル3からレベル5までとに大別されます。

| レベル | 名　称 | 運転主体 | 限定領域の設定 |
|---|---|---|---|
| 1 | 運転支援 | ドライバー | あり |
| 2 | 部分運転自動化 | ドライバー | あり |
| 3 | 条件付運転自動化 | システム（限定領域外及び限定領域内でもシステムの作動継続が困難な緊急時にはドライバー） | あり |
| 4 | 高度運転自動化 | システム（限定領域外ではドライバー） | あり |
| 5 | 完全運転自動化 | システム | なし |

（出所）米国自動車技術者協会の自動運転レベルの概要

レベル1（運転支援）とレベル2（部分運転自動化）は，システムによる運転の支援がなされるものの，あくまで人間のドライバーが運転主体である点において，従来の自動車の運転と違いはありません。すでに市販車への導入が進んでいる衝突被害軽減ブレーキ（自動ブレーキ），アダプティブ・クルーズ・コントロールなどの先進運転支援システム（ADAS）は，レベル1ないしレベル2に分類されるものです。

これに対し，レベル3以上の自動運転レベルでは，人間のドライバーに代わってシステムが運転主体となります。あらゆる場面で自動運転システムが運転操作を行うものは，最も技術水準が高いレベル5（完全運転自動化）に分類されますが，現在は，技術水準や社会状況を踏まえて，自動運転システムを作動させることができる条件（限定領域と呼ばれます。）のもとでのみ自動運転を行うレベル３（条件付運転自動化）やレベル４（高度運転自動化）の自動運転システムの開発・実用化が進められているところです。レベル３とレベル４の違いは，限定領域内において緊急時に人間のドライバーによる対応が必要になるかどうかです。レベル３では，自動運転システムから運転を引き継げるドライバーが車内に待機している必要がありますが，レベル４では，限定領域内のみで走行するのであれば，車内にドライバーがいる必要はなく，無人での走行が可能となるのです。

ところで，**2.1**のとおり，日本国内で運行の用に供する自動車は，道路運送車両法が定める保安基準に適合しなければなりません。先進運転支援システムは，アクセルやブレーキ，ハンドルなどの以前から自動車に備わっている装置の機能として実装されるものだったため，従来の保安基準制度内で対応できるものでした。しかし，レベル３以上の自動運転システムについては，人間のドライバーがどの装置も操作していない状態で作動するものであり，このようなシステムを適切に規制する仕組みはありませんでした。そこで，レベル３以上の自動運転車についても車両の安全性を適切に確保するため，2019年５月，道路運送車両法が改正されています（自動運転の実用化に伴う道路交通法規の改正については，コラム４「自動運転をめぐる道路交通ルール」参照）。

具体的には，自動運転車に搭載される自動運転システムについて，「自動運行装置」（道路運送車両法41条２項）として保安基準が定められ，自動運転車の安全性を確保するための基準が設定されています。レベル３及びレベル４の自動運転システムは，限定領域内のみで自動運転を実現するものとなっていることを踏まえ，自動運行装置ごとに，場所，天候，速度等に関する条件（細目告示では「走行環境条件」と呼ばれています。）を設定することになっています。また，自動運行装置の作動状態を記録するための装置を備えることも要求されているほか，自動運転車のソフトウェアのアップデートの場面でも安全性に関する審査を行う必要があるため，自動運行装置のアップデートについての許可制度が設けられています。

2020年11月には，レベル３の自動運転システムを搭載した車両（本田技研工業の「レジェンド」）について，国土交通省が世界で初めて型式指定を行い，話題になりました。この車両の自動運行装置は，走行環境条件（限定領域）として，中央分離帯などで対向車線と分離された高速道路であること，悪天候ではないこと，走行車線が渋滞かそれに近い混雑状況にあること，自車が時速30km未満で走行しており，高精度地図及び全球測位衛星システム（GNSS）により位置情報が正しく入手できていること，ドライバーが正しい姿勢でシートベルトを装着しており，アクセル・ブレーキ・ハンドルなどを操作していないこと等の条件が付されていました。このように，現在実用化レベルにある自動運転システムは，高速道路での渋滞時のような限定された場面での利用にとどまっています。

# 2.2 自動車と環境規制

## 1 自動車に関する環境規制の概要

日本では，自動車に関する環境規制として，主に，自動車の走行時に排出されるガスに関する規制が行われています。この排出ガスに関する規制は，二酸化炭素などの温室効果ガスに着目した燃費規制と，人体に有害な影響をもたらす有害物質に着目した排出ガス規制に大別されます。このほか，自動車の走行に伴って生じる騒音に関する規制も行われています。

## 2 燃費規制

日本では，省エネ法（エネルギーの使用の合理化等に関する法律）により乗用・貨物自動車の燃費規制が行われています。省エネ法には，エネルギー消費効率の向上を図ることが特に必要な機械器具を「特定エネルギー消費機器」に指定し，エネルギー消費効率の改善等を求める制度が設けられており，乗用・貨物自動車の燃費規制は，この制度に基づいて設けられたものです。

燃費規制は，国土交通省が定める燃費基準を目標として行われます。燃費基準の策定は，現在商品化されている自動車のうち最も燃費性能が優れている自動車をベースに，技術開発の将来の見通しなどを踏まえて行われており，このような策定方法はトップランナー基準と呼ばれています。

最新の乗用車の燃費基準は，2030年度を目標年度とし，ガソリン車，ディーゼル車，プラグイン・ハイブリッド車，電気自動車などを対象に設定されており，エネルギー消費効率の算定は，Well-to-Wheel方式（ガソリンや電力については，エネルギー源の採掘まで遡ってエネルギー効率を評価するもの）により行われています。燃費基準の達成判定方式には，完成車メーカーが出荷した燃費基準の対象車両の燃費値を出荷台数で加重調和平均した企業別平均燃費基準方式（CAFE（Corporate Average Fuel Efficiency）方式）が採用されているため，完成車メーカーは，車種別ではなく自社の製品群全体で燃費基準を達成すればよいことになります。

また，燃費基準をベースに燃費性能が高い自動車を対象に，エコカー減税，グリーン化特例などの税金の優遇措置が設けられており，環境性能が高い自動車の普及を促進する政策が実施されています。

## 3　排出ガス規制

二酸化炭素以外の自動車が排出する有害物質に関しては，各種の排出ガス規制の対象とされています。

まず，大気汚染防止法に基づいて自動車１台ごとの排出ガスの許容限度が定められ，この基準をもとに道路運送車両法に基づく保安基準が策定されるという仕組みになっています。

また，窒素酸化物（NOx）及び粒子状物質（PM）については，自動車NOx・PM法（自動車から排出される窒素酸化物及び粒子状物質の特定地域における総量の削減等に関する特別措置法）による規制が存在します。同法は，局地汚染対策として，大都市圏において所有・使用できる車種を制限する車種規制を行うとともに，事業者の排出抑制対策として，一定規模以上の事業者に対し自動車使用管理計画の作成などを義務付けています。

さらに，東京都など一部の地方自治体は，ディーゼル自動車の乗り入れを制限する条例を制定しています。

## 4　騒音規制

自動車の走行時に発生する騒音については，騒音規制法に基づいて定められる環境省告示である「自動車騒音の大きさの許容限度」により規制が行われています。

## コラム3　カーボンニュートラルと自動車産業

現在，世界中の完成車メーカーがEVシフト（自動車の電動化）に取り組んでいる背景には，カーボンニュートラルの実現へ向かう世界的潮流があります（コラム１「自動車の電動化」参照）。

COP21で採択されたパリ協定（2015年）では，世界の気温上昇を２℃以内に抑える長期目標が合意され，これに基づき，日本を含む主要国は，2030年までの温室効果ガス排出削減目標を設定しました。さらに，2018年に，気候変動に関する政府間パネル（IPCC）が「1.5℃特別報告書」を承認・公表したことにより，気温上昇を1.5℃以内に抑えるため2050年のカーボンニュートラルを目指す動きが国際的に加速しました。

また，近時，世界の機関投資家は，ESG投資への取組みを始めており，投資先の選定にあたり，E（環境），S（社会），G（企業統治）への配慮が重視されるようになっています。環境問題への配慮は，企業のCSRにとどまらず，企業価値を高めるための施策としての役割も有しているのです。

こうした国際動向の中で，日本政府は，2020年10月に「2050年カーボンニュートラル」を宣言しました。その後，具体的な政策として，「2050年カーボンニュートラルに伴うグリーン成長戦略」が策定されています。グリーン成長戦略では，成長が期待される分野として14の産業が掲げられ，高い目標を設定し，政策を集中させて企業の取組みを支援することとされています。

自動車産業に目を移すと，日本の二酸化炭素排出量のうち，自動車運輸による排出量が占める割合は15.5%となっており（2020年度）[注]，自動車のカーボンニュートラルに向けた取組みが重要視されています。自動車の平均使用年数は約13年といわれていますので，自動車について2050年にカーボンニュートラルを達成するためには，2030年代半ばまでにカーボンニュートラルに対応したゼロ・エミッション車（ZEV）への切替えを進める必要があります。日本や諸外国において2030年代までに自動車の電動化を進める政策が掲げられているのは（コラム１「自動車の電動化」参照），このような背景があるためです。

カーボンニュートラルを考えるときの環境負荷の計測は，ライフサイクルアセスメント（LCA）という手法により行われます。この手法は，製品・サービスのライフサイクル全体において定量的に環境負荷を把握するもので，自動車についていえば，走行時の二酸化炭素排出量だけでなく，原材料の採掘，部品・車両の製造，輸送，燃料の採掘・製造，利用，廃棄・リサイクルなどのライフサイクルのすべての段階における環境負荷を評価することになります。工場で自動車部品の製造や車両の組立てを行うときには，当然ながら電力を消費します。この電力の消費にあたって発生する二酸化炭素もカーボンニュートラルの対象になります。つまり，自動車部品メーカーにとって，部品製造における二酸化炭素排出量削減が経営課題となってくるのです。そのためには，原材料や製造工程の見直し，製造装置の更新（設備投資）など，さまざまな取組みが必要になると見込まれます。

また，現在の日本は，2011年の東日本大震災の影響を受けて原子力発電の稼働率が低く，また，再生エネルギーの比率の向上が課題となっているため，ヨーロッパなどと比較して，火力発電の割合が高く，化石燃料に大きく依存しています。このような状況のもとで，二酸化炭素排出に対して価格付けし，市場メカニズムを通じて排出を抑制する仕組み（カーボンプライシング）が世界的に導入された場合，製造時に排出される二酸化炭素が多すぎるために日本国内で製造した自動車を輸出できなくなるおそれがあります。仮にそのような事態が発生した場合には，輸出用自動車の国内製造がなくなり，これに対応する国内での部品調達や雇用が失われるかもしれません。このように，カーボンニュートラルへの取組みが自動車産業に与える影響は，とても大きなものになると考えられます。

ところで，自動車業界は，カーボンニュートラル実現のための手段として，自動車の電動化を行うことになったという見解が一般的です。もっとも，近時，水素エンジン自動車や合成燃料の研究開発に力を入れる動きがあり，電動化以外のゼロ・エミッション車として注目を集めています。カーボンニュートラルという目標のもとで，熾烈な開発競争が行われているのです。

**注**　国土交通省「運輸部門における二酸化炭素排出量」（令和４年７月５日更新）

# 2.3 道路交通関連法令

## 1　道路交通法

道路交通法は，歩行者・車両の交通ルールや，車両の運転者・使用者の義務，運転免許制度などを定めた法律です。この法律は，道路を行き来する歩行者や運転者などの「人」に着目し，これらの者に対し交通ルールの遵守を義務付けることにより，道路交通の安全を確保することを目指しています。

## 2　道路法

道路法は，国・地方自治体による道路，トンネル，橋などの管理方法などを定めた法律です。自動車が走行する場所についてルールを定める法律といえます。

## 3　道路運送法，貨物自動車運送事業法

道路，自動車を利用した人や貨物の輸送については，道路運送法や貨物自動車運送事業法による規制が行われています。

自動車を運転して人を輸送するサービスは，旅客自動車運送事業として道路運送法の規制対象となり，国土交通大臣の許可を受けて実施する必要があります。旅客自動車運送事業は，路線・高速バス，貸切・観光バス，タクシー等の一般旅客自動車運送事業と，ホテル宿泊送迎バス等の特定旅客自動車運送事業とに大別されます（道路運送法３条）。道路運送法は，自家用自動車有償貸渡事業（レンタカー事業）についても規制しています（道路運送法80条１項）。なお，車両を提供せず，運転サービスのみを提供する場合（いわゆる「運転代行」）については，運転代行業法（自動車運転代行業の業務の適正化に関する法律）の規制対象となります。

また，自動車により物を輸送するサービスは，貨物自動車運送事業として，

貨物自動車運送事業法の規制対象となっています。貨物自動車運送事業に対する規制は，荷主が不特定多数かどうかや，使用する自動車の種類により，細分されています。

## コラム４　自動運転をめぐる道路交通ルール

自動運転は，これまで人間のドライバーが行ってきた運転操作の一部又は全部を自動運転システムが行う技術です。自動運転システムが自動車の運転に関わるようになることで，道路交通ルールにも影響が生じます。コラム２「自動運転技術の現在」で紹介した自動運転レベル別に，自動運転技術の実用化に伴う道路交通ルールへの影響を見ていきましょう（交通事故時の責任については，コラム５「自動車の進化と交通事故」も参照）。

**2.3**のとおり，道路交通法は，「人」に着目して交通ルールを定めています。とりわけ，自動車の運転に関する交通ルールは，「自動車内には人間のドライバーがいる」ことを前提として整備されてきました。たとえば，安全運転義務を定める道路交通法70条は，「車両等の運転者は，当該車両等のハンドル，ブレーキその他の装置を確実に操作し，かつ，道路，交通及び当該車両等の状況に応じ，他人に危害を及ぼさないような速度と方法で運転しなければならない。」と定めており，自動車の運転操作が人間のドライバー（運転者）により行われることを前提としています。自動運転システムの実用化により人間のドライバーがいなくなるのであれば，道路交通ルールも変更する必要があるのです。安全運転義務の他にも，事故発生時の救護措置義務・報告義務（道路交通法72条１項），運転免許制度（道路交通法84条１項）が問題になります。

もっとも，レベル１及びレベル２の自動運転システムでは，人間のドライバーが運転主体ですから，従来どおり，ドライバーに道路交通法規を遵守する義務を課すことができます。そのため，レベル１からレベル２までの自動運転システムが実用化される段階では，道路交通ルールへの影響はないという整理がされてきました。

問題は，自動運転システムの作動中にシステムが運転主体となるレベル３以上の場合です。実用化前の公道実証段階では，運転席に人間のテスト・ドライバーが待機し，いつでも運転操作を引き継げる状態になっていましたので，このテスト・ドライバーに道路交通法規を遵守する義務を課せばよかったのですが，実用化段階では，そのような考え方では限界が生じます。

まず，レベル３では，限定領域内でも緊急時には人間のドライバーが運転を引き継ぐことが予定されています。つまり，自動運転システムの作動中であっても，常に，運転を引き継ぐことができる人間のドライバーが自動車内にいるわけですから，基本的には，このドライバーに道路交通法規の義務を課すことができます。しかし，事故発生時の救護措置・報告義務や運転免許はよいとしても，安全運転義務については，自動運転中と通常の運転時とで同じ内容というわけにはいきません。自動運転の魅力を活かすためには，レベル３の自動運転システム作動中は，ドライバーの安全運転義務を軽減することが必要になると考えられるからです。

次に，レベル４については，レベル３とは異なり，限定領域の内部で走行が完結するのであれば，自動車内に人間のドライバーが待機している必要がありません。運転に人間のドライバーが関わらない以上，安全運転義務を観念することは困難のように思われますし，事故発生時の救護措置・報告義務の名宛人が不在ということにもなりそうです。

以上のような問題の所在を踏まえ，レベル３とレベル４の自動運転システムに対応するため道路交通法が改正されています（レベル３関係については，2020年４月に施行済み。レベル４関係については，2022年４月に改正法が成立しており，2023年４月１日に施行済み。本コラムでは，2023年４月１日時点の法令に沿って解説します。）。

レベル３の自動運転中のドライバーについては，緊急時の運転引継ぎができる状態である限り，携帯電話やスマートフォンを使用して電話したり，映像を見たりすることが認められました（道路交通法71条の４の２第２項）。これにより，自動運転中の安全運転義務が一部免除されたことになります。

また，レベル４については，「特定自動運行」として位置付けられ，「運転」の定義から除外されたうえ（道路交通法２条１項17号，17号の２），あらかじめ運行計画を作成し，都道府県公安委員会の許可を得て行うこととされました（道路交通法75条の12）。当面は，過疎地域等における無人自動運転移動サービスでの利用が想定されています（道路交通法75条の13第１項５号参照）。自動車内に人間のドライバーがいない点については，特定自動運行主任者に自動運転車の遠隔監視を行わせるか，自動運転車内に特定自動運行主任者を乗車させるかのいずれかの方法により対処することとされており（道路交通法75条の20），この特定自動運行主任者が交通事故発生時に通報を行い，事故現場に現場措置業務実施者を向かわせることになります（道路交通法75条の23）。特定自動運行主任者は，その地位に基づく措置を円滑かつ確実に実施するための教育を受けることになりますが（道路交通法75条の19），運転免許を保有している必要はありません。

このように，道路交通法は，すでにレベル３の自動運転システムに対応しています。また，レベル４の自動運転システムについては，まずは目的・地域等を限定して試行的な利用から始めることとしており，今後，さらなる法改正が行われることが見込まれます。なお，レベル５については，レベル３・レベル４と比べても，よりいっそう高い技術水準が要求され，現在の日本の道路交通事情のもとで実現するためにはまだ時間がかかると考えられていますので，具体的な法改正の検討は進んでいません。

## コラム5　自動車の進化と交通事故

自動車の安全性能の高まりは，交通事故やその解決に大きな影響を与えています。

交通事故の争点は，大きく分けると，どのような事故態様だったのか，どのような損害が生じたのか，という２点に分けられます。

まず，事故態様についてですが，ドライブレコーダーの普及は，立証に大きな変化をもたらしました。

ひと昔前まで，事故態様について当事者間で争いが生じた場合には，主な手がかりは警察の作成する刑事記録や，車両の損傷状況の解析結果（傷の入力方向や，形状から推測できる車両の動静等）でした。客観的証拠だけではなく，当事者が裁判官の面前で話す尋問手続を行うことも一般的でした。

もっとも，刑事記録はあくまで当事者の言い分を警察が書面化したものです。一方の運転者が病院に搬送された後，残った当事者からの聞き取りのみで作成されている場合も珍しくありません。また，損傷状況の解析も，そもそも解析できない場合もあり，完全ではありません。結局は客観的な証拠が十分ではなく，当事者の言い分のみで判断するほかない場合も多くありました。

2000年代初頭，タクシー車両を中心としてドライブレコーダーが普及し始めました。2016年に発生したスキーバスの転落事故を契機に，大型観光バスへのドライブレコーダーの搭載が義務化されました。また，「あおり運転」を原因とする死亡事故の発生もあり，事業用車両だけではなく，家庭用車両にも搭載する機運が高まっていきました。現在では，タクシー車両の搭載率は全国平均92.3％[1]，家庭用車両の搭載率は全国平均53.8％[2]まで上昇しました。

ドライブレコーダーの普及により，客観的な証拠によって事故態様を立証できるようになり，事故態様自体について当事者が争うケースは少しずつ減少傾向にあります。明瞭な映像が残っており事故態様以外に争点がない場合には，裁判所での尋問手続を行わないことも珍しくなくなり，立証方法は大きく変化しました。

次に，損害についてですが，エアバッグや衝突被害軽減ブレーキやバックカメラ，各種センサー類の装備といった車両自体の安全性能の高まりは，交通事故件数や重大事故の減少に大きく役立っています。

2011年には，交通事故件数69万2,084件・死者数4,691人・負傷者数85万

4,613人でしたが，2021年には，交通事故件数30万5,196件・死者数2,636人・負傷者数36万2,131人[3]と10年で大きく減少しました。今後も安全性能のさらなる進化により，交通事故件数や死者数が減少することが期待されます。

そして，今後はさらなる自動運転技術の発展により，交通事故において「誰が責任を負うのか」という，より根本的な点に変化が生じることが予想されます。

当然ながら，これまでは運転中にスマートフォンを注視することは，前方注視義務違反に当たる行為でした。しかし，その常識が変わろうとしています。2020年11月，自動運転レベル３のシステムが導入された世界初となる車両が国土交通省による型式指定を受けました。コラム４「自動運転をめぐる道路交通ルール」のとおり，レベル３においては，条件は限定されるものの，走行中にスマートフォン等を見る，いわゆる「アイズオフ」が許されます。そのため，今後は，限定された条件下ではあるものの，運転席で映画を鑑賞中に交通事故に遭ったとしても，無過失と判断される可能性があります。

このような技術の発展により，運転者の責任の範囲が限定される一方で，別の主体に責任が生じる可能性があります。たとえば，完全自動運転技術が導入されれば，完成車メーカーには製造物責任法に基づく責任やシステムのバグを放置したことに対する不法行為責任が生じる可能性が，地図や信号などの情報提供業者には債務不履行責任が生じる可能性があります。

このように，新しい技術が導入されることにより，事故や不具合の原因は運転者の過失，システム全体の設計，車両の設計，製造，データの正確性など，多岐にわたる可能性があると指摘されており[4]，交通事故の解決にはより専門的な調査が必要になり，複雑化することが予想されます。

1　一般社団法人全国ハイヤー・タクシー連合会統計調査「ドライブレコーダー導入状況」（令和４年３月31日現在）

2　国土交通省自動車局保障制度参事官室「国土交通行政インターネットモニターアンケート　自動車用の映像記録型　ドライブレコーダー装置について」（令和２年10月13日～10月26日実施）７頁

3　警察庁交通局「令和３年中の交通事故の発生状況」（令和４年５月24日）

4　令和２年度警察庁委託調査研究「自動運転の実現に向けた調査研究報告書」（令和３年３月）21頁

# 2.4 製造物責任法

## 1 総　論

製造物責任法（ＰＬ法）とは，「被害者の保護」（製造物責任法１条）の観点から，「製造物」に「欠陥」があったことを原因として，人の生命，身体又は財産に対して何らかの被害が生じた場合に，「製造業者等」（定義については下記２を参照）が負うこととなる損害賠償責任について定めたものです。

たとえば，運転手が自動車のブレーキの不具合を原因とする自損事故でケガを負った場合には，完成車メーカーやブレーキに関わるサプライヤーは，運転手の治療費や慰謝料等の損害賠償責任を負うこととなります。

製造物責任法が制定されたことで，被害者はより迅速にその損害に対する請求を行うことができるようになりました。すなわち，製造物責任法が制定される前には，被害者は，民法上の不法行為（民法709条）に基づいて請求を行うしかなく，製造業者等の，権利侵害に対する「故意又は過失」を立証しなければその生じた損害につき賠償を受けることができませんでした。この「故意又は過失」は製造業者等側の事情であるため，被害者が立証するのは難しい事項でした。しかし，製造物責任法が制定されたことによって，同法に基づいて被害者が損害賠償請求を行う場合，権利侵害に対する「故意又は過失」ではなく，製造物の欠陥を客観的に立証することで損害賠償を請求できるようになりました。

## 2 製造業者等（製造物責任法２条３項）

製造物責任法上の責任を負う「製造業者等」に該当するのは，以下の者です。

①　当該製造物を業として製造，加工又は輸入した者

例）ブレーキを製造するサプライヤーなど

②　自ら当該製造物の製造業者として当該製造物にその氏名，商号，商標その

他の表示（以下「氏名等の表示」といいます。）をした者又は当該製造物にその製造業者と誤認させるような氏名等の表示をした者

例）販売業者であるABC株式会社が，自社が販売するブレーキ部品に「製造元ABC株式会社」と表記している場合

③　上記①又は②に該当する者のほか，当該製造物の製造，加工，輸入又は販売に係る形態その他の事情からみて，当該製造物にその実質的な製造業者と認めることができる氏名等の表示をした者

例）自動車部品メーカーとして国内シェア２位であり，ブレーキ部品Ｂを製造しているXYZ株式会社が，同種の他社製のブレーキ部品Ａに「発売元XYZ株式会社」と表示して販売している場合（XYZ株式会社は，ブレーキ部品Ａについて「製造業者等」になります。）[1]

### ⑴　OEM製造業者の該当性

「製造，加工又は輸入」を行わない単なる販売業者は，通常，製造業者等には該当しません。

しかし，OEM（Original Equipment Manufacturing）のように，他の製造業者に自社ブランドを付して製造させることで，製造業者としての表示をしたとみなされる場合や，「販売業者等の経営の多角化の実態，製造物の設計，構造，デザイン等に係る当該販売業者の関与の状況からみて，当該販売業者がその製品の製造に実質的に関与しているとみられる場合」には，例外的に，いわゆる「表示製造業者」に該当し，製造物責任を負う対象となると考えられています[2]。

### ⑵　製造業者等の届出の要否

製造業者等に該当する場合であっても，事前の届出を求める制度やガイドラインはありませんので，届出は不要です[3]。

---

1　消費者庁「製造物責任（PL）法の逐条解説」第２条
2　消費者庁「製造物責任法の概要Q&A」Q16，Q17
3　消費者庁・前掲注２）Q２

## 3 「製造物」（製造物責任法2条1項）

「製造物」とは，「製造又は加工された動産」を指します。そのため，自動車業界の場合，製造された自動車本体のみならず，自動車の一部を構成する多くのパーツ，部品についても「製造物」に該当します。

また，電気自動車の発展とともに今後さらに重要な役割を果たす「ソフトウェア」について不具合が生じた場合，ソフトウェア自体は有体物ではないものの，その不具合はソフトウェアを組み込んだ製造物の欠陥として考えられるため，製造物責任を負う可能性がある点には留意する必要があります[4]。

## 4 製造物の「欠陥」，通常有すべき安全性を欠く場合（製造物責任法2条2項）

### ⑴ 定　義

製造物責任法では，製造物の「欠陥」がある場合に損害賠償を認めることを規定しています。

製造物の「欠陥」とは，製造物が「通常有すべき安全性を欠いていること」を指し，「通常有すべき安全性を欠いている」か否かは，「当該製造物の特性，その通常予見される使用形態，その製造業者等が当該製造物を引き渡した時期その他の当該製造物に係る事情を考慮して」（製造物責任法２条２項）個別に判断されます。

### ⑵ 欠陥の類型

最終的には個別に判断されることとなりますが，製造物の欠陥は多くの場合，①製造上の欠陥，②設計上の欠陥，③指示・警告上の欠陥という三つの類型に分類されます。

---

4　消費者庁・前掲注1）第2条

ア　製造物の製造過程で粗悪な材料が混入したり，製造物の組立てに誤りがあったりしたなどの原因により，製造物が設計・仕様どおりに作られず安全性を欠く場合（製造上の欠陥）

たとえば，所有していた軽自動車に，電子材料セラミックス製造販売会社製造の自動車燃料添加剤を使用したところ，同車のエンジン不調といった故障が生じエンジン，燃料タンクの交換が必要になったとして自動車燃料添加剤の欠陥を主張した事案[5]において，裁判所は，「運送業者が…長距離走行を行うことがあることは，製造業者である被告において当然に予想しておかなければならない事柄であり，…上記異常摩耗を原因とするエンジン不調が発生したのは，…長距離走行に耐え得る性能を有していなかったからに他ならず，…自動車燃料添加剤として通常有すべき安全性を欠いていたといわざるを得ない」として製造上の欠陥を認めています[6]。

イ　製造物の設計段階で十分に安全性に配慮しなかったために，製造物が安全性に欠ける結果となった場合（設計上の欠陥）

たとえば，凍結防止カバー製造業者が製造販売したフロントガラス等の凍結防止カバーを自動車に装着しようとして左眼を負傷した者が，製造業者に対し，損害賠償を求めた事案[7]において，裁判所は，「本件製品が使用されるのは，自動車のフロントガラス等の凍結が予測される寒い時期の夜であることが多いところ，そのような状況下で本件製品の装着作業が行われると，フックを一回で装着することができず，フックを放してしまう事態が生じることは当然予想され…フックを放した場合，ゴムひもの張力によりフックが跳ね上がり，使用者の身体に当たる事態も当然予想されるところである。ところが，本件製品の設計に当たり，フックが使用者の身体に当たって傷害を生じさせる事態を防止するために，フックの材質，形状を工夫したり，ゴムひもの張力が過大にならないようにする

5　消費者庁「PL法関連訴訟一覧（訴訟関係）」
6　甲府地判平成14年９月17日判例集未登載（ウエストロー・ジャパン2002WLJPCA09176002）
7　消費者庁・前掲注５

などの配慮はほとんどされていない」として設計上の欠陥を認めています[8]。

#### ウ　有用性ないし効用との関係で除去しえない危険性が存在する製造物について，その危険性の発現による事故を消費者側で防止・回避するに適切な情報を製造者が与えなかった場合（指示・警告上の欠陥）[9]

製造業者には，製造物等への注意表示に関する義務はありません。しかしながら，取扱説明書等における記載の中で，「製造物の特性や想定される誤使用なども考慮して，使用者が安全に製品を使用でき」ないと判断される場合には，指示・警告上の欠陥と判断されることもありえますので，注意が必要です[10]。

自動車本体の中に組み込まれてしまう部品を製造するメーカーにおいても，消費者又は整備士等が何らかの形で接触する可能性がある場合には，完成車メーカーに対し自動車自体の取扱説明書に書き加えてもらう等の要請を行う必要があります。業界ごとの取扱説明書の取扱いについては，法律，指針・ガイドライン[11]を参考に作成していくのがよいでしょう。

---

8　仙台地判平成13年４月26日判時1754号138頁

9　公表されている裁判例で，かつ自動車・自動車部品に関する裁判例では，指示・警告上の欠陥を認めたものは発見されませんでした。食料品に異物が混入していた事案では，「本件商品の食材としての特性，その通常予見される食べ方等に照らせば，…これを食べた消費者の口腔内（歯を含む。）を傷つける危険性はあった」ということができ，本件商品はかかる危険性を潜在的に有する可能性のある食品であったことを知っており，潜在的危険性やこれが顕在化して消費者に被害が発生する場合があることも具体的に認識していた点，及びそれにもかかわらず，消費者に対し何らの注意書きを付さなかった点を踏まえて，指示・警告上の欠陥を認めた裁判例があります（東京地判平成31年４月12日判時2511号73頁）。

10　消費者庁・前掲注２）Q11

11　「消費生活用製品安全法」
「電気用品安全法」
「ガス事業法」
「液化石油ガスの保安の確保及び取引の適正化に関する法律」
経済産業省「製品安全に関する流通事業者向けガイド」（平成25年７月）
一般財団法人家電製品協会「家電製品の安全確保のための表示に関するガイドライン（第５版）」（平成27年10月）
一般社団法人電池工業会「電池器具安全確保のための表示に関するガイドライン（第６版）」（2022年３月改訂）
一般社団法人日本玩具協会「玩具安全基準」

### ⑶ 欠陥を判断する基準時

製造物の欠陥を判断する時期は，「製造業者等が当該製造物を引き渡した時期」（製造物責任法２条２項）とされています。

そのため，仮に中古品に関して何らかの不具合が見つかった場合でも，製造業者等は，個々の消費者が，その製造物を中古品として購入した時点ではなく，製造業者等が，その製造物を新品として小売業者等に引き渡した時に存在した欠陥についてのみ責任を負います[12]。

## 5 免責事由（製造物責任法４条）

### ⑴ 総 論

製造物が「通常有すべき安全性を欠く」場合であっても，次のときには，製造業者等の責任が免除されます。

| |
|---|
| ① 当該製造物をその製造業者等が引き渡した時点における，科学又は技術に関する知見の水準では，当該製造物にその欠陥があることを認識することができなかったこと（開発危険の抗弁）<br>② 当該製造物が他の製造物の部品又は原材料として使用された場合において，その欠陥が，専ら当該他の製造物の製造業者が行った設計に関する指示のみに起因し，かつ，その欠陥の発生につき当該製造物の製造業者等の過失がないこと（部品・原材料製造業者の抗弁） |

### ⑵ 開発危険の抗弁（製造物責任法４条１号）

#### ア 定義・趣旨

製造物を引き渡した時点における科学又は技術に関する知見の水準では，欠陥の存在を認識することが不可能であったことを製造業者等が立証した場合に

12 消費者庁・前掲注２）Q６

は，製造業者等は製造物責任法上の責任を負わないとされています。これは，「製造業者に開発危険についてまで責任を負わせると，研究・開発及び技術開発が阻害され，ひいては消費者の実質的な利益を損なうことになりかねないことから」[13]，免責事由として定められました。

#### イ　注意点

開発危険の抗弁でいう「知見」とは，「欠陥の有無を判断するに当たって影響を受け得る程度に確立された知識の全て」[14]を指し，企業の規模や技術水準にかかわらず，その時点における最高水準の知識まで含まれることになります。

自動車及びその部品の仕組み，メカニズム等についての知見が蓄積されることに伴い，各部品の有する危険性，注意点等についての知見も深化しています。そのため，製造業者等が自動車及びその部品を製造するにあたり，自動車及びその部品に起因する損害が生じることが全く想定できない事態というのは限定的ではないかと考えられます。

### ⑶　部品・原材料製造業者の抗弁（製造物責任法４条２号）

#### ア　定義・趣旨

この抗弁は，製造物を製造する製造業者等の間に「その部品や原材料が組み込まれている他の製造物の製造業者が行う設計に関する指示に従わざるを得ない場合」があるといった事情があれば，その指示に従った製造業者に責任を負わせることが酷であることから，その指示に従った製造業者の責任を免ずることとしたものです[15]。

#### イ　注意点

自動車業界では一般に，完成車メーカーを起点として，下請の業者になれば

---

13　消費者庁・前掲注1）第４条
14　消費者庁・前掲注1）第４条
15　日本弁護士連合会消費者問題対策委員会編『実践PL法〔第２版〕』74頁（有斐閣，2015）

なるほどその製造内容が細分化されていくため，完成車メーカーが設計図を作成し，もしくは完成車メーカーの指示を受けて１次サプライヤーが設計図を作成し，これをもとに２次サプライヤー以下へ発注を行う製品もあります。このような場合，完成車メーカーあるいは１次サプライヤーの指示に従って製造した２次サプライヤー以下の企業は，この抗弁によって，製造物責任が発生した場合の免責を受けることができないかが争点となります。

完成車メーカーあるいは１次サプライヤーの指示に従った２次サプライヤー以下の企業がこの抗弁により免責されるためには，①「その部品等の欠陥がもっぱら他の製造物の製造業者が行った設計に関する指示に従ったことにより生じたもの」[16]であり，「部品等製造業者に対する指示が，…当該部品・原材料の設計自体を指定する内容のものであるか，又はその設計に具体的な制約をもたらすものであること」[17]を立証しなければなりません。そのうえで，②「「欠陥」が専ら完成品製造業者の指示に従ったことにより生じたこと，すなわち，指示と欠陥との間の因果関係」[18]と，③部品等製造業者の無過失を立証する必要があります。具体的には，２次サプライヤー以下の企業が，「当該部品・原材料製造業者の契約上の立場や技術的水準等，当該事業者の置かれた状況を踏まえ」[19]て，欠陥を認識することができなかったことを立証する必要があります。上記①ないし③の要件について，それぞれ立証上のハードルがあるため，同抗弁が認められることは容易ではありません。

２次サプライヤー以下の企業が，漫然と川上サプライヤーに従って製造している場合にまで同抗弁が認められるものではありません[20]。そのため，２次サプライヤー以下の企業においても，自社の製品について責任を負う可能性が十分にありえますので，川上サプライヤーに対しても積極的に，自社製品の安全性確保に向けて交渉していくようにしましょう。

---

16　日本弁護士連合会消費者問題対策委員会・前掲注15）74-75頁
17　東京地判平成24年１月30日訟月58巻７号2585頁
18　東京地判・前掲注17
19　消費者庁・前掲注１）第４条
20　日本弁護士連合会消費者問題対策委員会・前掲注15）74頁

## 6　期間制限（製造物責任法５条）

### (1)　請求できなくなる時期

①　完成車メーカーが，消費者に自動車を納品した時から10年を経過したとき（製造物責任法５条１項２号）

②　自動車の故障により車載物等について滅失した消費者が，完成車メーカーに対し，３年間損害賠償請求を行わないとき（製造物責任法５条１項１号）

③　自動車の故障により消費者自身もケガを負った場合で，完成車メーカーに対し，５年間損害賠償請求を行わないとき（製造物責任法５条２項）

### (2)　2020年改正前の規定

現行法の定めは，民法（債権関係）改正に伴って改正されており，2020年４月１日から施行されています（以下，この改正を「2020年改正」といいます。）。

2020年改正前は，「損害及び賠償義務者を知った時から３年間」が経過したとき又は「当該製造物を引き渡した時から10年を経過したとき」には，当事者の援用を要することなく権利が消滅する規定となっていました。

これらの期間は，「製造業者等が当該製造物を引き渡した時から10年を経過したとき」は，時効によって消滅するとあるように，消費者が実際に入手した時ではなく，製造業者等が市場に製造物を流通させた時を起点とします[21]。

### (3)　2020年改正後の規定及び経過措置

2020年改正前に損害賠償請求権が生じていたとしても，2020年改正に関する施行日である2020年４月１日時点において10年が経過していない場合には，改正後の消滅時効に関する定めが適用されます。

## 7　損害賠償の範囲

消費者から製造物責任に基づく損害賠償請求を受けた場合であっても，「欠

21　消費者庁・前掲注２）Q21，Q22

陥による被害が，その製造物自体の損害にとどまった場合（例えば，走行中の自動二輪車から煙が上がり走行不能となったが，当該自動二輪車以外には人的又は物的被害が生じなかった場合）」等については，製造業者等の賠償の対象とはなりません[22]。しかし，消費者は，製造業者等に対し民法に基づく不法行為責任，契約不適合責任，債務不履行責任を別途追及することが可能です。

## 8 製造業者等間での責任分担

民法の不法行為規定の特則である製造物責任法は，消費者を保護することを目的としているため，製造業者等の間での負担割合については，定めていません。したがって，製造業者等に該当する事業者が複数いる場合の製造業者等間の責任分担については，民法が定める共同不法行為（民法719条）の規律に従います。民法上の規律に従うと，各製造業者等は不真正連帯関係（各自が加害行為と相当因果関係にある全損害について賠償する責任を負うこと）に立つことになるため，各製造業者等が，被害者に対し，それぞれの行為と相当因果関係のある全損害について賠償する責任を負います。そのため，仮に完成車メーカーがすべての損害について対応している場合であっても，完成車メーカーが自己の負担部分を超えて賠償をした場合には，１次サプライヤー以下の企業へ求償することができます。

１次サプライヤー以下の企業としては，取引先と契約を締結するにあたり，自社が負担すべき賠償の上限額，被害者への対応方法及び保険の内容等について，事前に交渉等を行い，修正することも検討すべきでしょう。

## 9 リコール

完成した自動車に不備がある場合には，リコールが行われることがあります（詳細については6.3を参照）。

---

22 消費者庁・前掲注２）Q19

# 2.5 下請法

## 1　下請法とは

下請法（下請代金支払遅延等防止法）は，独占禁止法（私的独占の禁止及び公正取引の確保に関する法律）の特別法として昭和31年に制定された法律です。

下請法の目的は，①下請取引の公正化と②下請事業者の利益保護にあります（下請法１条）。

## 2　下請法が適用される当事者

下請法は，次の表のとおり，一定の資本金要件を満たす当事者間における一定の委託取引内容を対象として規制をしています（下請法２条７項，８項）[1]。「委託」とあるように，取引対象となる物の仕様等を指示して発注する取引が対象となり，単なる売買取引は対象外です。規格品・標準品を購入することは，原則として「委託」に該当しませんが，規格品・標準品であっても，その一部でも自社向けの加工等をさせる場合には該当するとされています[2]。

1　下請法の詳細な解説については公正取引委員会・中小企業庁「下請取引適正化推進講習会テキスト」（令和４年11月）を参照

2　公正取引委員会・中小企業庁・前掲注１）５頁

| 委託取引の内容 | 親事業者 | 下請事業者 |
|---|---|---|
| ・物品の製造<br>・物品の修理<br>・情報成果物作成（プログラムの作成に限る）<br>・役務提供（運送，物品の倉庫保管及び情報処理に限る） | 資本金３億円超 | 資本金３億円以下 |
| | 資本金１千万円超<br>３億円以下 | 資本金１千万円以下 |
| ・情報成果物作成（プログラムの作成を除く）<br>・役務提供（運送，物品の倉庫保管及び情報処理を除く） | 資本金５千万円超 | 資本金５千万円以下 |
| | 資本金１千万円超<br>５千万円以下 | 資本金１千万円以下 |

## 3　親事業者の義務及び禁止事項

下請法は，親事業者に対する規制を設けています。３条及び５条は書面の交付や保存等を定めた手続規定となっており，４条は親事業者の禁止事項を定めた実体規定となっています。親事業者の義務及び禁止事項の多くは強行法規となっており，たとえ下請事業者の同意があっても下請法違反となるため注意が必要です。

親事業者の義務及び禁止事項について，取引の流れに沿って整理すると，次の表のようになります。

| (1)　発注時のルール | |
|---|---|
| **書面の交付義務**<br>ただちに，給付の内容，下請代金の額，支払期日及び支払方法等の事項を記載した書面，又はあらかじめ下請事業者の承諾を得たうえで電子メール等の電磁的方法により必要記載事項の提供を行わなければならない。 | 下請法３条<br>下請法施行令２条<br>下請法第３条の書面の記載事項等に関する規則１条 |
| **買いたたきの禁止**<br>下請代金について，通常支払われる対価に比し著しく低い額を不当に定めてはならない。 | 下請法４条１項５号 |
| **購入・利用強制の禁止**<br>親事業者が指定する物・役務を強制的に購入・利用させてはならない。 | 下請法４条１項６号 |
| **不当な経済上の利益の提供要請の禁止**<br>下請事業者から金銭，役務の提供等をさせてはならない。 | 下請法４条２項３号 |
| **報復措置の禁止**<br>下請事業者が親事業者の不公正な行為を公正取引委員会又は中小企業庁に知らせたことを理由として，その下請事業者に対して，取引数量の削減・取引停止等の不利益な取扱いをしてはならない。 | 下請法４条１項７号 |
| **支払期日を定める義務**<br>給付を受領した日から起算して60日以内のできるだけ短い期間内に下請代金の支払期日を決めなければならない。 | 下請法２条の２第１項 |
| **書類の作成・保存義務**<br>下請事業者の給付，給付の受領等を記載した書類を作成し，保存しなければならない。 | 下請法５条<br>下請法第５条の書類又は電磁的記録の作成及び保存に関する規則１条 |

| (2) 納品時のルール | |
|---|---|
| **受領拒否の禁止**<br>下請事業者の責めに帰すべき理由がないのに，下請事業者の給付の受領を拒んではならない。 | 下請法4条1項1号 |
| **返品の禁止**<br>下請事業者の責めに帰すべき理由がないのに，下請事業者にその給付に係る物を引き取らせてはならない。 | 下請法4条1項4号 |
| **不当な給付内容の変更・不当なやり直しの禁止**<br>下請事業者の責めに帰すべき理由がないのに，給付内容を変更させたり，給付をやり直させたりしてはならない。 | 下請法4条2項4号 |
| **(3) 代金支払時のルール** | |
| **支払遅延の禁止**<br>下請代金を支払期日に支払わなければならない。<br>支払期日までに下請代金を支払わなかった場合，受領日から起算して60日を経過した日から支払済みまでの期間，年14.6％の割合による遅延利息を支払わなければならない。 | 下請法4条1項2号，4条の2<br>下請法第4条の2の規定による遅延利息の率を定める規則 |
| **減額の禁止**<br>下請事業者の責めに帰すべき理由がないのに，下請代金の額を減じてはならない。 | 下請法4条1項3号 |
| **有償支給原材料等の対価の早期決済の禁止**<br>有償で支給した原材料等の対価を，その原材料等を用いた給付に係る下請代金の支払期日より早い時期に相殺したり支払わせたりしてはならない。 | 下請法4条2項1号 |
| **割引困難な手形の交付の禁止**<br>一般の金融機関で割引を受けることが困難であると認められる手形を交付してはならない。 | 下請法4条2項2号 |

自動車業界では，いわゆる「ジャスト・イン・タイム生産方式」が採用されることが多くあります。

親事業者が，ジャスト・イン・タイム生産方式を採用する場合，以下の事項についてすべて遵守しなければなりません[3]。

① ジャスト・イン・タイム生産方式は，継続的な量産品であって生産工程が平準化されているものについて，取引先下請事業者との合意のうえで導入する。

② 下請法３条に基づき交付義務を負う書面（以下「３条書面」といいます。）は，事前に十分なリードタイムをとって交付する。この３条書面には，一定期間内において具体的に納入する日と，納入日ごとの納入数量を明確に記載する。

③ 納入回数及び１回当たりの納入数量を適正にし，かつ，無理な納入日（時間）の指示は行わないよう注意する。

④ ジャスト・イン・タイム生産方式による納入指示カードは，上記②の３条書面の納入日と納入日ごとの納入数量を微調整するために交付するものであるという考え方で運用する。

⑤ 納入指示カードによる変更により，納入日が遅れたり，納入日ごとの納入数量が少なくなったことにより下請事業者に費用（保管費用，運送費用等の増加分）が発生した場合には，親事業者はそれを全額負担しなければならない。ただし，納入指示カードによる変更により納入日や下請代金の支払いの遅れが納入時期の微調整にとどまる場合（たとえば，その発注期間の最終納入予定日が，次期発注期間の最初の納入予定日等に変更された場合）には，ジャスト・イン・タイム生産方式においてやむを得ないものとする。

3　公正取引委員会・中小企業庁・前掲注１）41頁Q53

⑥　ジャスト・イン・タイム生産方式の採用により輸送費等のコスト増が発生する場合には，下請代金について事前によく協議し，合意したうえで実施する。

⑦　製品仕様の変更等，親事業者側の一方的都合による発注内容の変更若しくは発注の取消し又は生産の打ち切り等の場合，親事業者は，すでに完成している製品すべてを受領しなければならず，仕掛品の作成費用や部品代を含む下請事業者に発生した費用を全額負担しなければならない。

## 4　下請法に違反した場合

### ⑴　勧　告

親事業者が下請法４条に違反した場合，公正取引委員会は，親事業者に対し，下請事業者の不利益を解消する措置を講じる等必要な措置をとるべきことを勧告します（下請法７条）。

勧告は行政指導の一種であり，強制力のある行政処分ではありません。

したがって，勧告に従わなくても罰則はありませんが，勧告がなされると，原則として公表されることになるため，親事業者のレピュテーションが害されるおそれがあります。

### ⑵　指　導

勧告に至らない程度の下請法違反事案の場合，公正取引委員会又は中小企業庁による指導がなされます。勧告と同様，強制力のある行政処分ではなく，任意での改善措置が求められます。

勧告は下請法４条違反のみが対象ですが，指導は３条や５条の違反の場合も対象となります。

### ⑶　刑事罰

親事業者が下請法３条に基づき書面を交付しない場合や同法５条に基づく書

面作成・保存義務に違反した場合には，50万円以下の罰金となります（下請法10条）。

### ⑷　下請法違反に関する調査方法

公正取引委員会及び中小企業庁は，親事業者及び下請事業者に対し，必要があると認めるときに，取引に関して報告を求めることができ，立入検査を行うことができます（下請法９条）。

### ⑸　自発的申出制度（下請法リニエンシー）

自発的申出制度（下請法リニエンシー）とは，親事業者が，勧告の対象となる下請法禁止行為を行った場合でも，公正取引委員会又は中小企業庁に対し，自発的に違反行為を申し出ることによって，勧告を免れる制度をいいます。親事業者は，調査の着手前に自発的に申し出て，違反行為をとりやめ，違反行為により生じた不利益を回復するために必要な措置を講じたうえ，再発防止策を講じ，調査及び指導に全面的に協力することが求められます。

## 5　下請法違反の事例

### ⑴　業種別の違反件数の割合

下請法違反事件について業種別に見ると，製造業が最も多く，全体の39.8％（7,926件中3,158件）を占めます[4]（以下，データはすべて令和３年度）。続いて卸売業・小売業が20.6％，情報通信業が12.5％となっています。

また，製造業の違反件数のうち，19.9％が金属製品製造業であり，19.1％が生産用機械器具製造業です。

### ⑵　違反行為の割合

違反行為は，親事業者の禁止行為を定めた実体規定違反と書面の交付・保存

4　公正取引委員会「令和３年度における下請法の運用状況及び中小事業者等の取引公正化に向けた取組」（令和４年５月31日）７頁

等の手続規定違反に分けられ，実体規定違反が全体の56.2％を占めます。

実体規定違反のうち62.2％が支払遅延で，次いで支払代金の減額が15.2％，買いたたきが11.0％となっており，これら三つの行為類型で全体の９割弱を占めています[5]。

### ⑶ 支払遅延の事例

自動車メーカー向けの油圧機器等の製品，半製品，部品又はこれらの製造に用いる金型の製造を下請事業者に委託している製造会社が，下請事業者に製造を委託した金型を受領してから60日を経過して下請代金を支払っていたことが，下請法が禁止する支払遅延に該当するものであると判断されました[6]。

金型の製造委託は，民法上の請負契約に当たり，「仕事の目的物の引渡しと同時に，支払わなければならない」と規定されています（民法633条)。型取引の適正化推進協議会によると，遅くとも金型の引渡しまでに一括払いなどにより支払いが終了していることが望ましいとされています[7]。

また，上記事例では金型の受領行為がありますが，金型取引においてはしばしば金型の保管も下請事業者に委託していることがあり，その場合の金型の受領日が問題となります。そこで，金型の「給付を受領した日」とみなす時点について下請事業者と事前に協議と合意をしておく必要があります（詳細については5.1を参照)。

たとえば，電気機械器具部品及び製品の組立て・加工を下請事業者に委託していた会社は，毎月末日納品締切，翌月末日支払いとする支払制をとっていました。この際，当月末日までに納品されたものについて検収までに時間がかかったときに翌月納品があったものとみなして，支払いが給付の受領から60日を超えていたために，下請法が禁止する支払遅延に該当すると判断されまし

5　公正取引委員会・前掲注４）10頁
6　公正取引委員会・前掲注４）28頁
7　型取引の適正化推進協議会「型取引の適正化推進協議会報告書」（令和元年12月）９頁

た[8]。

### ⑷ 支払代金減額の事例

測量図の作成を個人事業者等の下請事業者に委託している建設コンサルタント会社が，下請事業者との間で，下請代金を下請事業者の銀行口座に振り込む際の手数料を下請事業者が負担することについてあらかじめ書面で合意をしていないにもかかわらず，振込手数料を下請代金の額から減じていたことが，下請法が禁止する支払代金減額に該当するものであると判断されました[9]。

上記のように支払代金減額と判断されないようにするには，発注前に下請事業者が振込手数料を負担することについて書面で合意し，実費の範囲内で差し引くようにする必要があります。

### ⑸ 買いたたきの事例

車両の修理・運搬業務を下請事業者に委託している自動車整備会社が，燃料価格が高騰しているにもかかわらず，下請事業者と十分に協議することなく，従来どおりに取引価格を据え置いていたことが，下請法が禁止する買いたたきに該当するおそれがあるものであると判断されました[10]。

買いたたきについては取締りが強化されており，公正取引委員会は，令和４年１月26日，「下請代金支払遅延等防止法に関する運用基準」（平成15年公正取引委員会事務総長通達第18号）を改正し，以下の取引が下請法上の買いたたきに該当するおそれがあることを明らかにしました[11]。

---

8　公正取引委員会・中小企業庁・前掲注１）49頁
9　公正取引委員会・前掲注４）27頁
10　公正取引委員会・前掲注４）24頁
11　公正取引委員会「下請代金支払遅延等防止法に関する運用基準」新旧対照表（令和４年１月26日）

① 労務費，原材料費，エネルギーコスト等のコストの上昇分の取引価格への反映の必要性について，価格の交渉の場において明示的に協議することなく，従来どおりの取引価格に据え置くこと。
② 労務費，原材料費，エネルギーコスト等のコストが上昇したため，下請事業者が取引価格の引上げを求めたにもかかわらず，価格転嫁をしない理由を文書や電子メールなどで下請事業者に回答することなく，従来どおりの取引価格に据え置くこと。

さらに，労務費，原材料費，エネルギーコスト等のコストの上昇によって親事業者自らの資金繰りが厳しくなったことを理由に，あらかじめ定められた支払期日までに下請代金を支払わないことは支払遅延に該当します。また，これらのコストの上昇によって親事業者自らのコストが増加したことを理由に，あらかじめ定められた下請代金の額を減じて支払うことは減額に該当するだけでなく，これらのコストが下落した場合において，下請事業者のコストが減少したことを理由に，あらかじめ定められた下請代金の額を減じて支払うことも減額に該当します[12]。

したがって，親事業者は，下請事業者からの価格引上げの申入れがなかったとしても，燃料価格が高騰する等，コストが上昇した場合には，下請事業者と取引価格について十分な協議をしないと下請法違反となるおそれがあるため，注意が必要です。

12 公正取引委員会「労務費，原材料費，エネルギーコストの上昇に関する下請法Q&A」（令和４年１月26日）

## コラム6　買いたたき規制と公表

令和４年12月27日，公正取引委員会は，受注者からの値上げ要請の有無にかかわらず，取引価格が据え置かれており，事業活動への影響が大きい取引先として受注者から多く名前が挙がった発注者であって，かつ，多数の取引先についてコスト上昇分の取引価格への反映の必要性について，明示的に協議せず，従来どおり価格を据え置く行為が確認された事業者として計13社・団体の社名を公表しました[1]。公表されている会社には自動車部品サプライヤーも含まれています。

今回の公表は「転嫁円滑化を強力に推進する観点からの情報提供を図るため実施したものであり，独占禁止法又は下請法に違反すること又はそのおそれを認定したものではない」としたにもかかわらず，「価格転嫁の円滑な推進を強く後押しする観点から，取引当事者に価格転嫁のための積極的な協議を促すとともに，受注者にとっての協議を求める機会の拡大につながる有益な情報であること等を踏まえ」，なされたものでした。

労務費，原材料費，エネルギーコストが上昇した場合において，その上昇分を取引価格に反映しないことは，独占禁止法上の優越的地位の濫用として問題となりえます[2]。

すなわち，独占禁止法上，自己の取引上の地位が相手方に優越していることを利用して，正常な商習慣に照らして不当に，取引の相手方に不利益となるように取引の条件を設定すること（２条９項５号ハ）は，不公正な取引方法の一つである優越的地位の濫用として禁止されています。買いたたきは「…その他取引の相手方に不利益となるように取引の条件を設定し，若しくは変更し，又は取引を実施すること。」という独占禁止法２条９項５号ハに該当する行為の一つです。

公正取引委員会作成のガイドライン[3]では，「取引上の地位が相手方に優越している事業者が，取引の相手方に対し，一方的に，著しく低い対価又は著しく高い対価での取引を要請する場合であって，当該取引の相手方が，今後の取引に与える影響等を懸念して当該要請を受け入れざるを得ない場合には，正常な商慣習に照らして不当に不利益を与えることとなり，優越的地位の濫用として問題となる」とされています。

そして，公正取引委員会が公表しているQ&A[4]では，上記のとおり，コスト上昇分の取引価格への反映の必要性について，明示的に協議せず，従来どおり価格を据え置くことについて，優越的地位の濫用として問題となるおそれがある，と示しています。そして，今回の公表は，このQ&Aに該当することを根拠としてなされています。

必要なコストの価格転嫁はサプライチェーン内で認めていくべきであり，公正取引委員会が買いたたきの問題に関心を抱き，メスを入れていくことそれ自体は必要なことだと思われます。特に，価格転嫁に悩んでいた発注者側にとっては，今回の公表は価格転嫁を進め，助けるものとなり，有益なものであったと考えられます。

他方，独占禁止法又は下請法に違反すること又はそのおそれを認定したのでないにもかかわらず，公表行為がなされたことは疑問があります。たしかに公正取引委員会は，独占禁止法の適正な運用を理由に公表を行うことができます（独占禁止法43条）。公表の範囲についても「事業者の秘密」を除く「必要な事項」とされており，具体的な範囲は公正取引委員会の裁量に委ねられています。今回のような実名での公表も「事業者の秘密」に該当せず，「必要な事項」に当たるのであれば，公表が可能となるわけです。

このような公表は，公表された事業者には大きな影響があるにもかかわらず，一般論として，事実を広く知らせる目的でなされる公表それ自体については，公表の取消しといったことはできません。そのため，争うならば国家賠償請求を行い，その中で違法性主張を行うという手段をとらざるを得ません。

今回のようないわゆる実態調査において公表がなされるのは極めて珍しいケースといえます。事務総長も，過去の同様の例を挙げる際に30年以上前の事案を持ち出しており[5]，いかに珍しいかがわかると思います。

また，規制の明確性の観点からしても一連の公表については疑問が生じるところです。すなわち，今回の公表はQ&Aに該当することを理由とされていますが，そもそもガイドラインやQ&Aは法律上どのような位置付けになるのか，また，「Q&Aに該当する」ということは法律上どのような意味を持つのでしょうか。

多くの行政組織においては，議会で定められた法律とは別に，その法律を運用するための指針としてガイドラインを作成しています。ガイドラインは法律ではないため裁判所の判断を拘束するものではありませんが，裁判所から一定の尊重を受けることが多く[6]，適切妥当なガイドラインであればそれに従った判断がなされることが多いです。公正取引委員会でも独占禁止法等の関係法令の運用のために優越的地位の濫用のガイドラインなど，さまざまなガイドラインを作成しています。

また，Q&Aは公正取引委員会のホームページ上で公開されており，一般的質問に対する答えを載せているものです。通常，各法律やガイドラインでわかりにくいところを中心に，典型的な事例を広く紹介し，法律やガイドラインの理解を助けるものになりますが，ガイドラインと同じく，法律ではないため裁判所を拘束する力はありません。

しかしながら，ガイドラインとは異なる解釈論を裁判所で主張するには，それ相応の準備と工夫が必要となるとの指摘があり[7]，Q&Aに関しても，同じようにこれと異なる解釈論を展開することは容易ではないと考えることができます。このように，ガイドラインやQ&Aは，法律そのものではないものの，裁判所において重要視されているものであり，企業としては，これらの規定に注意して企業活動を行わなければなりません。

Q&Aについて，公正取引委員会は令和４年２月16日に改定し，今回対象となった「明示的に協議することなく，従来どおりに取引価格を据え置くこと」が含まれるようになりました。ガイドラインと比較すると，要請のみならず，協議を行わなかったことが優越的地位の濫用に該当するおそれがあることを明示しています。

このように，Q&Aの改定によって，法律やガイドラインにはなかった「協議」が求められるようになっています。本来，このような変更は法律や少なくともガイドラインレベルの改正ないし変更で行うことが望ましいと考えられますが，「広く周知するため」という公正取引委員会の姿勢からQ&Aでの変更になったと考えられます。

今回，Q&Aの一要件に該当したのみであり，独占禁止法上の要件にすべて該当したか否かを差し置いて公表を行ったことからすると，公正取引委員会や国が価格転嫁に本腰を入れて取組みを行おうとする姿勢がうかがわれます。もちろん，サプライチェーン内で必要なコストの転嫁がなされていないことは問題であり，取組みそれ自体には賛同できます。しかし，法律でもガイドラインでもなくQ&Aに反していることを理由に，それも違法と認定されたわけでもないのに公表までされてしまうのは，普段コンプライアンスを意識している企業からしても，不意打ち的な要素は否めないと思います。

今後も優越的地位の濫用に関しては国や公正取引委員会が監視を強め，継続していくことが考えられます。各企業にとっては，法律はもちろん，ガイドラインやQ&Aを確認し，コンプライアンスを意識した企業活動がいっそう求められる時代になっているといえます。

1　公正取引委員会「独占禁止法上の「優越的地位の濫用」に関する緊急調査の結果について」（令和４年12月27日）
2　公正取引委員会「よくある質問コーナー（独占禁止法）」Q20
3　公正取引委員会「優越的地位の濫用に関する独占禁止法上の考え方」（改正平成29年６月16日）21-22頁
4　公正取引委員会・前掲注２
5　公正取引委員会「令和４年10月５日付　事務総長定例会見記録」
6　白石忠志『独占禁止法［第３版］』７頁（有斐閣，2016）
7　白石・前掲注６）７頁

# 2.6 コンプライアンスの強化と不祥事の予防

## 1 コンプライアンス

社会のコンプライアンス意識の高まりを受け，企業活動において，不正・不祥事防止のための経営理論としてコンプライアンスが重要視されており，取引先がコンプライアンスリスクを抱えていた場合，その取引先と関係を持つこと自体が企業にとって経営上のリスクとなります。

近年では，企業の違法行為だけでなく，社会倫理に反する行為についても，社会の目はよりいっそう厳しくなっており，CSR（公正・適切な企業活動を通じて，企業が社会的責任を果たすこと）への意識の向上も相まって，「コンプライアンス」とは，単なる法令遵守にとどまらず，社会規範や社会倫理を含めた，ステークホルダーの要請に適う行動を求められる概念であるといえます。

自動車部品メーカーにとって重要なステークホルダーは，株主，顧客・仕入先などの取引先や従業員であり，典型的なコンプライアンス違反としては，企業活動による環境汚染や自然破壊，自社製品の検査結果の偽装，不当な長時間労働や各種のハラスメントが挙げられます。企業には，このようなコンプライアンス違反を防止し，ステークホルダーの信用を裏切らない企業活動が求められています。

法令は時流に沿って改正されますし，社会規範や社会倫理も時代とともに変遷するため，コンプライアンスに含まれる遵守対象も当然に変化していきます。企業の取組みは，コンプライアンス研修の実施や社内規程の制定で終わることはなく，常に内容をアップデートし，社員に浸透させる活動を継続していく必要があります。

## 2 不祥事が発生した場合の会社・取締役の法的責任

自動車部品メーカーにおいて検査不正や品質不正が起きた場合，会社の社会的信用が低下するだけでなく，刑事上及び民事上の法的責任を負うことがあります。ここでは，近時の自動車業界において相次いで発覚している検査不正・品質不正を念頭に，会社と取締役に生じる法的責任を確認してみます。

### (1) 刑事上の責任

特に検査不正や品質偽装については，刑事上の責任として，商品の品質等に関し誤認させるような表示を処罰する誤認惹起罪に問われるおそれがあります（不正競争防止法２条１項20号，21条２項１号，22条１項３号）。行為者に対する法定刑は，５年以下の懲役又は500万円以下の罰金（併科可能）であり，両罰規定に基づく法人に対する法定刑は，３億円以下の罰金となっています。

実例としても，自動車の焼結機械部品メーカーが検査データを改ざんし，顧客との取引において虚偽表示をしたとして，部品メーカー及びその代表取締役が不正競争防止法の誤認惹起罪で起訴され，部品メーカーに罰金5,000万円，代表取締役に罰金200万円を科す判決が言い渡された例があります[1]。

### (2) 民事上の責任

民事上の責任として，まず会社に対し，契約内容になっていた品質水準を満たさないことを理由に，取引先から，納品のやり直し（民法562条１項）や代金の減額（民法563条１項）を求められ，あるいは，契約の解除や損害賠償の請求をされる可能性があります。問題が発覚した部品がすでに完成車に組み込まれ市場に流通してしまっている場合には，完成車メーカーによるリコールに発展し，完成車メーカーや上流の自動車部品メーカーから，リコールに要した費用を含む高額の損害賠償を求められるおそれもあります。

また，リコール実施の有無にかかわらず，製造した部品の欠陥により自動車事故が発生するなどして，完成車の利用者などに損害が発生した場合には，損害を被った被害者から，製造物責任（製造物責任法３条）や不法行為責任（民法

1　東京簡判平成31年２月５日裁判所HP（平成30年（ろ）837号）

709条）に基づいて会社が損害賠償を請求されることも想定されます[2]。

次に，取締役は，会社に対し善管注意義務（会社法330条，民法644条）・忠実義務（会社法355条）を負っていますから，自ら検査不正や品質不正に関与した場合には，これによって会社に生じた損害を賠償する責任を負います（会社法423条１項）。

取締役の義務には，従業員の違法・不当な行為を発見し，あるいはこれを未然に防止することなど従業員に対する指導監督についての注意義務も含まれますので[3]，自ら関与した場合に限らず責任を負うことがあります。また，取締役は，不正・不祥事が発覚した場合に，これによる損害の発生を最小限度に止める義務（損害拡大回避義務）も負っていますので[4]，適切な有事対応を行わなければ，そのことを理由に損害賠償責任を負うことにもなりかねません。

さらに，取締役の悪意又は重過失により，会社以外の第三者に損害が生じた場合には，取締役がその第三者に対する責任を負うことになります（会社法429条１項）。意図的な検査不正や，ずさんな管理による不正の見逃しは，取締役個人の責任問題ともなるのです。

## 3　不正・不祥事の予防

### (1)　不正のトライアングル

以上のとおり，検査不正や品質不正は，会社と取締役にとって重大な責任問題となりますから，これらを未然に防ぐ取組みが不可欠です。

不正や不祥事の防止について考えるときに参考になるのが，アメリカの犯罪学者であるドナルド・R・クレッシーが提唱した「不正のトライアングル」です。不正のトライアングルの考え方によれば，①プレッシャー（動機），②機会，③正当化の三つの要素がそろったときに不正が発生するとされています。すな

---

2　通常は，完成車メーカーが完成車の利用者に対して責任を負いますが，その後，完成車メーカーが欠陥のある部品を製造した部品サプライヤーに対して求償する可能性があります。

3　東京地判平成11年３月４日判タ1017号215頁

4　大阪高判平成18年６月９日判時1979号115頁

わち，三つの要素のうちどれか一つでも消滅させることができれば，それによって不正を効果的に予防できるといえます。

そこで，2022年に判明した日野自動車のエンジン認証をめぐる不正事例をもとに，自動車部品メーカーにおける不正・不祥事の予防について考えてみます。この不正は，自動車の排出ガス検査の結果を不正に書き換える，燃費性能を不正に操作するといったものであり，結果的に，日野自動車は主力トラックの出荷・生産停止に追い込まれました。これ以前にも，自動車業界では相次いで不正・不祥事が判明しており（コラム７「自動車業界の不祥事と再発防止策」参照），適切な取組みによって不正・不祥事を予防しなければ，一つの企業の存続が危うくなるばかりでなく，自動車産業全体への信頼を失墜させ，自動車業界の将来に暗い影を落としかねません。自動車部品メーカーにおいて不正・不祥事を予防するためには，どのような対策を講じるとよいのでしょうか。

### ⑵　日野自動車の事例の分析

日野自動車のエンジン認証における不正行為のうち燃費性能に関する不正行為について，特別調査委員会の調査報告書[5]をもとに，まず，不正のトライアングルにあてはめて不正の原因を考えてみます。

#### ア　プレッシャー（動機）

開発担当者らは，開発スケジュールが逼迫する中で，燃費の目標について達成困難な目標を会社の上層部から設定され，その達成を強く求められていました。また，日野自動車の社内には，エンジン設計部のヒエラルキーが高く，同部が設計したエンジンについて，その性能が目標を満たしているかどうかの確認を行うパワートレーン実験部がエンジン設計部に意見することが容易ではないという状況も存在したようです。このようなプレッシャーがかかる状況に

5　日野自動車株式会社HP「特別調査委員会による調査報告書公表のお知らせ」（2022年８月２日）
https://www.hino.co.jp/corp/news/2022/20220802-003303.html

あって，現場の社員たちには，燃費性能を有利に書き換えて目標を達成しているかのように見せる強い動機がありました。

### イ　機会

日野自動車では，開発段階における燃費性能の測定は，技術開発本部内のパワートレーン実験部が行うのみであり，データ測定等のチェックに他部署が関与しない体制となっていたため，パワートレーン実験部に対する牽制が存在しませんでした。開発と性能評価（認証試験）が同部署内で行われていたため，燃費性能の評価にあたり数値を有利に書き換える機会があったといえます。

### ウ　正当化

日野自動車の技術開発本部内では，試験性能の数値を書き換える不正が長年行われており，燃費をごまかしても構わないという正当化が働いていたといえます。

上記のとおり，不正・不祥事を予防するためには，不正のトライアングルの三つの要素がすべてそろわないように，そのうちの一つでも取り除くことが肝要です。日野自動車の例に即していえば，①不当・過剰な開発目標を撤廃するとともに，部署間で協力できる体制を整えて，不正に手を染める「プレッシャー（動機）」をなくす，②認証試験を技術開発本部から品質本部などの別の部署に移管し，社内牽制ができる体制に変更することで，不正を行う「機会」をなくす，③不正を許さず，風通しのよい企業風土を醸成することで，不正を「正当化」することを防ぐ，ということが有効な対策となります。

## ⑶　自動車部品メーカーにおける実践

日野自動車の事例を参考にすると，自動車部品メーカーにおいて不正・不祥事を予防するためには，次のような取組みをすべきであると考えられます。

### ア　不正のプレッシャー（動機）を作らない

人材や設備等の自社のリソースを勘案したうえで，無理のないプロジェクトの規模や開発スケジュールを設定するとともに，不測の課題が発生した場合にはスケジュールを柔軟に変更できる仕組みを整備することが重要です。

自動車部品の開発・製造は一人で行うものではなく，一つの部品が完成するまでに，多くの部署・社員が関与することになります。各部署・担当者のみで課題解決を図ろうとすると，閉鎖的になって問題を抱え込みやすくなり，不正・不祥事を起こす動機が生まれます。そこで，関係者が連携し，特定の部署・担当者に責任を押しつけることなく全社で課題解決を図るようにするべきです。そのためには，セクショナリズムや過度の縦割り・横割りは廃止すべきですし，また，プロジェクトを俯瞰的・横断的に企画・調整する機能を持ったポジション・部署を設けることが有効です。

### イ　不正の機会を与えない

不正のトライアングルに基づく対策の中でも，最も効果がわかりやすいのは，不正を行えない環境を整え，不正の機会をなくす方法です。

自動車部品の開発・製造について不正の機会をなくすためには，開発段階については，試験結果を客観的・正確に記録し，形跡を残さずに書き換えることができない手順・システムを導入し，また，技術開発部門の成果を品質保証部門などの別部署がチェックするなどして牽制を働かせることが有効です。

検査を含む製造段階では，いつ，誰が部品の取付けや製品の測定などの作業を行い，データを入力したのか，追跡可能なシステムを導入することが有効な防止策となります。また，業務が適切に行われていることを監視・チェックするため，内部監査部門による監査を行い，社内で牽制が働く仕組みを構築することも重要です。

### ウ　不正を正当化させない

不正は許さないという経営陣の強い覚悟と決意を表明するとともに，役員・

従業員のコンプライアンス意識改善のための研修を実施します。とりわけ，後述するように，不正や不祥事が発覚した場合の自浄能力の創出に向け，誰もが声を上げやすい内部通報制度を整えることも重要な課題となってきます。

## 4　内部通報制度と公益通報者保護法

### (1)　内部通報制度

企業がどれほどコンプライアンス体制を整えていても，不正・不祥事が発生するリスクがゼロになることはありません。防止策を講じるだけでなく，不正・不祥事を早期に発見し，対処できる仕組みを構築することも重要です。そのために役に立つのが内部通報制度です。

平成28年度に消費者庁が行った調査[6]によれば，事業者における不正発見の端緒として内部通報を挙げる割合は58.8％と最も高く，内部監査（37.6％）や職制ルート（上司による日常的な業務のチェック，従業員からの業務報告等）（31.5％）よりも多い結果となっています。また，職場で不正行為があることを知り通報する場合には，最初に労務提供先（上司を含む）に通報・相談をすると回答した人の割合が最も高く（53.3％），次いで行政機関（41.7％）という調査結果[7]もあります。内部通報制度導入の効果として，違法行為を抑止し，会社の自浄作用を促し，違法行為の是正及び不正・不祥事の拡大防止が期待できます。

### (2)　公益通報者保護法

内部通報制度の強化と通報者の保護を図るため，公益通報者保護法が制定されており，事業者は，内部公益通報対応体制を実効的に機能させるため，従業員や役員などに対して教育・周知を行う措置をとる必要があります[8]。

---

6　消費者庁「平成28年度　民間事業者における内部通報制度の実態調査報告書」58頁

7　消費者庁「平成28年度　労働者における公益通報者保護制度に関する意識等のインターネット調査報告書」21頁

8　内閣府告示第118号「公益通報者保護法第11条第１項及び第２項の規定に基づき事業者がとるべき措置に関して，その適切かつ有効な実施を図るために必要な指針」（令和３年８月20日）

また，公益通報者保護法は，事業者に対し，公益通報を受け，事実調査をし，是正に必要な措置をとる業務に従事する者（公益通報対応業務従事者）を定めること（公益通報者保護法11条１項）及び公益通報に適切に対応するために必要な体制の整備などの必要な措置をとること（公益通報対応体制整備）（公益通報者保護法11条２項）を義務付け，これらの義務に違反する事業者に対しては，勧告，公表等の行政措置が講じられることとなります（公益通報者保護法15条，16条）。また，公益通報対応業務従事者に通報者を特定させる情報を漏らしてはならない義務を課し，この守秘義務違反に対し罰金刑が定められています（公益通報者保護法12条，21条）。

以上のような公益通報対応体制の整備義務と従事者指定義務は，従業員300人以下の事業者については努力義務にとどまります（公益通報者保護法11条１項，２項，３項）。

### ⑶　内部通報者の保護

効果的な内部通報制度を構築・運用することは，自動車部品メーカーにとって，不正・不祥事防止の観点から有用です。

しかし，内部通報を制度としては導入しているものの，通報者が安心して利用できるような仕組みになっていない，あるいは組織内で周知徹底が図られていないため十分に機能していない企業が多いのが実情です。通報者は，自分が通報したことが社内に知られた場合，職場で嫌がらせを受けないか，通報をしたことで左遷や解雇などの不利益な取扱いを受けるのではないかという不安があります。従業員が不正や不祥事を見聞きしたとしても，実際に自分の氏名を明かして，内部通報するには勇気が必要であることは言うまでもありません。

消費者庁の調査[9]から，労務提供先で不正行為があることを知った場合，通報するときには，名前を明らかにして通報すると回答した者が32.5％にとどまる一方で，匿名で通報すると回答した者が67.5％に上りました。匿名で通報す

9　消費者庁・前掲注７）16頁，20頁

る理由としては，「不利益な取扱いを受けるおそれがある」との回答が66.9％と最も多いことから，社内での不利益な取扱いに対する不安が内部通報を躊躇させる要因となっていることがわかります。

したがって，従業員が声を上げやすい内部通報制度とするため，匿名性保持に配慮し，通報者探しや嫌がらせの禁止を徹底する措置が重要となります。

## ⑷ 実効的な内部通報制度のポイント

通報者の内部通報への不安を払拭し，従業員が声を上げやすい環境を整えることが内部通報制度の実効性を確保するうえで重要なポイントになります。

公益通報者保護法に規定されているように，事業者は，通報者に対し，通報したことを理由として不利益な取扱いをすることは禁止されています（公益通報者保護法３条～５条）。通報をしたことによる嫌がらせやいじめ，通報者探しなどの行為についても禁止することを明確に宣言し，会社全体で不利益な取扱いを禁止する姿勢を明確にすることで，通報者の懸念を払拭し，内部通報制度に対する信頼を高めていくことが重要です。

不正や不祥事を見聞きした従業員が通報しやすいように，内部通報を部門横断的に受け付ける窓口を設置し，公益通報対応体制を周知・理解させる社内研修を実施します。社内研修は，通報に対応する担当者に対して，実践的な対応策や注意事項を示し，整備した公益通報対応体制が効果的に運用できるようにすることが重要です。また，利用者となる従業員等に対する研修では，内部通報の重要性を理解させ，内部通報のアクセス先，通報の具体的な方法，通報者の保護について周知することが必要です。

## ⑸ 今後も重要となる内部通報制度

クリーンな企業活動を求める社会的意識の向上や，SNSなどの情報共有手段の拡大に伴い，企業内の不正に関する情報を外部に告発することに対する心理的ハードルは下がってきています。

内部通報制度が適切に活用されない場合，本来であれば組織内で対応を進めることができていたはずの問題が，外部に告発されることになり，その場合の企業のリスクは甚大なものになります。外部に情報が流出する前に，内部で適切に情報を吸い上げる機能を設けることで，不正や不祥事を未然に防止し，又は拡大することを防ぐことができます。また，実効性のある内部通報体制を整備・運用することで，組織の自浄作用の向上，法令遵守の推進に寄与するため，ステークホルダーの信頼獲得にも資するといえます。

内部通報制度の整備・運用は，企業のコンプライアンス意識の醸成，不正・不祥事の早期発見の観点からも，重要な取組みです。

## コラム7　自動車業界の不祥事と再発防止策

### ①　日本の自動車製造企業における主な不祥事

日本製の自動車は，国内外で，高品質であるとの高い評価を長年にわたって得てきました。しかし，近年，自動車製造工程における品質・データ偽装や検査不正が相次いで明らかになっています。2016年以降に判明した自動車製造業界の主な不祥事は，以下のとおりです。

| 会社名 | 公表年月 | 不祥事の概要 |
|---|---|---|
| 日野自動車 | 2022年３月 | 認証取得時の排出ガス・燃費試験における試験データの改ざん |
| 日立Astemo | 2021年12月 | ブレーキ部品の品質定期試験における不正 |
| 曙ブレーキ工業 | 2021年２月 | ブレーキ部品の検査不正 |
| 三菱電機 | 2020年11月 | 欧州RE指令に適合しない車載ラジオの出荷 |
| 日産自動車 | 2018年９月 | 精密車両測定検査における不正 |
| 日産自動車，スズキ，マツダ，ヤマハ発動機 | 2018年７月－８月 | 燃費・排出ガス検査不正 |
| 日産自動車，SUBARU | 2017年９月－10月 | 無資格の従業員による出荷前の安全検査 |
| タカタ | 2017年６月 | 欠陥エアバッグの異常破裂（経営破綻） |
| 三菱自動車工業 | 2016年４月 | 軽自動車の燃費試験不正 |

### ②　原因の究明

不祥事が一度発生すると，企業のブランドイメージは低下し，社会的信用を取り戻すには大変な労力がかかります。社会的信用を回復させるためにも，企業側が原因を徹底的に究明し，自浄作用が適切に働くことを示していくことが重要です。

自動車業界の不祥事の特徴は，品質・データ偽装や検査不正が多いところにあります。これらは，検査や開発等の現場レベルで不正が行われることが多い類型です。したがって，なぜ不正行為が行われたかの根本的な原因を究明しないまま再発防止策を作成したとしても，現場の運用や実情と乖離しており，実効性のある再発防止策とはなりません。現場の特性を踏まえ，現場担当の意見を聞き取り，不正行為の発生原因を突き止めることが，実効性のある再発防止策を策定する基礎にもなるのです。

### ③ 積極的な情報発信

自動車生産過程における検査は，不良品の流通を阻止し，製品の品質保証を支える砦となります。そのような工程での不正行為や不祥事は，「高品質」で売ってきた日本製自動車のブランドイメージにとって大きな打撃となるばかりでなく，自動車業界全体への社会的信用をも揺るがしかねません。

検査不正で毀損した信用を回復するためには，不正行為・不祥事の真因を捉えた適確な再発防止策を策定し，モニタリングしながら実行するのみでは足りず，再発防止に向けた取組みを積極的に社内外へ発信していくことが重要です。

この点について，検査等の不正ではありませんが，トヨタ自動車のリコール問題後の再発防止に対する取組みが参考になります。

2009年，アメリカで一家４人が亡くなる事故に端を発し，トヨタ自動車はアクセルペダルのフロアマットへの干渉を防止するためリコールを実施し，対象台数はアメリカで426万台，カナダなどを加えた世界で610万台に及びました。2010年１月にはアクセルペダルの戻りの遅れが問題となり，８車種のリコールをアメリカで発表し，世界で444万台が対象となりました。この一連の世界的なリコール問題により，トヨタ車の電子スロットルや品質に問題があるのではないかという憶測が広がりました。

一連のリコール問題後の再発防止に向けた取組みの一つとして，トヨタ自動車では，米国公聴会に豊田章男社長（当時）が出席した２月24日を「トヨタ再出発の日」と定めています。毎年，当時を経験した社員が語り部となって全従業員を対象にした啓発・教育施策を実施するなど，社内外への発信の機会となっています。

また，2014年には，一連のリコール問題での経験と学びを伝承する教育施設として「品質学習館」が開設され，当時の状況を知らない新入社員に対する教育プログラムや，階層に応じた品質教育の場として利用されています。

**④　学びを風化させない継続的な努力**

再発防止のための取組みを導入した後も，不祥事発生の抑止効果が有効に機能しているかを随時チェックし，会社全体に再発防止意識を定着させていく取組みが必要となります。不正を許さないという企業風土を醸成するため，さらには不祥事についての学びを風化させないためにも，継続的な努力が不可欠です。

不祥事発生後にブランドイメージが低下することは避けられません。しかし，再発防止に向け，積極的な活動を継続的に展開するとともに，これらの活動に関する広報により対外的な信用回復を目指していくことが重要です。

## コラム8　海外子会社の管理

日本のある程度大きな自動車部品サプライヤーは，日本だけではなく海外にも製造拠点を置いている場合があります。このような海外子会社の管理についてはどのように行えばよいでしょうか。

自動車部品サプライヤーの海外子会社については，他の業界の海外子会社と異なった特徴が見られる場合が多いように思います。すなわち，海外進出が日本国内の納入先の要請によって行われた場合には，現地で一定の品質を満たす製品を製造できれば，納入先が製品をすべて購入してくれる例が散見されます。そのため，海外に子会社があったとしても，納入先以外の会社には製品を積極的に販売していない場合が珍しくなく，海外子会社というよりも，海外工場と見たほうが実情に適するように見えます。

このような海外子会社の運営においては，販売の拡大よりも生産体制の確立・改善が焦点となるため，原材料の調達，工場で働く工員の確保及びその労務管理，納入先への適時の納入が重要事項となります。これらについての法的な観点からの留意点としては，以下のとおりです。

まず，原材料の調達については，売買契約で定められることが多いです（もし契約書が作成されていない場合には，はじめにその整備を行いましょう）。その注意点は国内で行う売買契約と共通する点が多いです。しかし，契約書が日本語以外の言語になる，準拠法や紛争解決機関が海外法や海外の裁判所・仲裁機関になる，輸出入の規制としてその現地の規制に服する等の違いが生じます。現地の法律の専門家の助言を踏まえて，現地の典型的な法律問題を把握しておくことが望ましいでしょう。特に，海外子会社においては，管理サイドのリソースが足りていないことが多いため，日本の本社側でサポートをすることも必要かもしれません。

納入先との契約条件についても，上記と同様ですが，日本での取引条件を参考に決められる場合も多く，日本側との連携が必要となるところです。現地では対応できない事項もありますので，海外子会社のリソースを踏まえて，適切な取引条件で合意することが望ましいといえます。

次に，工場の労働者の労務管理については，現地の労働法に基づく対応が必要となります。労働法は，国によって，その規制内容が大きく異なる法分野です。たとえば，労働時間規制（残業規制）や解雇規制などが挙げられます。解雇規制については，一般的には，欧米は緩やかで，大陸法の国（ドイツやフランス等）や発展途上国は厳格であるといえますが，その手続や厳格さは国によって異なります。そのため，しっかりと現地での法令対応ができるように，現地の専門家とのコネクションを強めておくことが必須となります。

上記は法務の観点からの留意点ですが，これ以外にも財務・経理体制やリスク管理体制などについても，海外子会社では手が足りていないことが多いのではないかと思います。そのため，これらのサポートを行うとともに，グループとしての内部体制の充実化を図っていくのが現実的な海外子会社管理ではないかと考えます。

なお，現在，EV化の進展や地政学リスクの増大により，部品サプライヤーのピラミッドにも大きな変容の波が襲いかかってきています。そうすると，これまでの固定化した取引先・納入先との取引だけではなく，現地で新規の取引先との契約や開発協力なども行っていく必要が出てきます。このように子会社の現地での活動が複雑化していくことに応じて，日本からの子会社管理は難易度が上がっていくことになるため，それらにどうやって対応していくかということが今後の検討事項となるでしょう。

# 3．受注（顧客との関係）

本章では，顧客からの受注に際して起こりうる問題や論点について解説します。

第1章のとおり，自動車部品は，開発フェーズ⇒量産フェーズ⇒量産終了後の補給品対応フェーズという長期スパンでの対応が求められます。

開発フェーズでは，製品・部品そのものが何度も変わっていきます。そのため，刻々と変わっていく製品・部品について，発注者・受注者間の認識に齟齬がないようにしていく必要があります。両者の認識に齟齬が生じると，思わぬ損失が発生することがあり，その損失をどのように分配するべきかという問題につながります。

量産フェーズでは，さまざまな理由（自動車の売れ行きや事故，天災等）により，発注側が示していた発注内示や生産計画に変更が生じる場合があります。また，部品サプライヤーとしても，常に一定の部品を供給することができるわけではありません。部品の供給に問題が生じた場合にどのようにその問題を解決するのか，その解決のために生じた費用を誰が負担するのが適切なのかという検討をしていく必要があります。

そして，自動車は使用期間が長いため，量産終了後も補給品を長期間提供できるように体制を整えておく必要があります。しかし，補給品の製造コストは，規模の経済が効かないことが多いため，量産時よりも高額になることが通常です。また，部品サプライヤーにも，設備や金型を維持，保管しておくための費用がかかることになります。昨今，このようなコストを一方的にサプライヤーに負担させることは下請法や独占禁止法の観点から厳しい目で見られるようになってきているため，発注者・受注者間で適切な負担を見出すことが必要となります。

# 3.1 発注書・契約書のない注文

**Q1** 当社は自動車部品を製造するメーカーＡですが，この度，新規の協力会社との間で加工部品の取引を開始することになりました。この協力会社との間では契約書を作成しておらず，協力会社の調達部門の副部長から口頭での注文がありました。注意すべき点はありますか。

**Q2** 当社は自動車部品を製造するメーカーＢです。当社の調達部門の副部長が「部品500個」のところを誤って「部品5,000個」と桁数を一桁多く記載したため，部品5,000個が届いてしまいました。部品5,000個の代金を支払わないといけないのでしょうか。

**A1** 口頭での注文であっても，申込みと承諾の意思表示の合致があれば，契約自体は有効に成立します。また，仮に調達部門の副部長に発注権限がなかったとしても，発注権限を有していることを信じるにつき正当な理由がある場合には，調達部門の副部長からの注文を承諾すれば，協力会社との間で契約が成立すると思われます。

しかしながら，後日トラブルとなることを避けるために取引基本契約書を作成しておくことが望ましいです。また，本件の取引に下請法の適用がある場合，親事業者は，給付内容，下請代金の額，支払期日及び支払方法等を記載した書面の交付又は下請事業者の承諾を得たうえでの電磁的記録の提供が必須となります。そのため，口頭で受発注を行うプロセスを改める必要があります。

**A2** 契約は，原則として，申込みと承諾の意思表示の合致によって成立します。具体的には，「部品5,000個」と書いた注文書を送ることにより申込みの意思表示がなされ，5,000個の部品を納品することにより承諾の意思表示がなされた時点で部品5,000個の売買契約が成立したといえます。

しかし，実際には部品500個を注文するつもりだった場合，「部品5,000個を注文する」という意思が存在せず，調達部門の副部長は錯誤に陥っていたといえます。民法上，表意者に重大な過失がある場合，意思表示を取り消すことができるのは，取引の相手方がその錯誤のことを知っていたか，重大な過失によって知らなかったとき等に限られます。

本件では，部品の数量という発注書の主要部分に錯誤がありますので，錯誤は重要なものといえます。しかし，発注書を確認することで簡単に数量の誤りを発見できますので，表意者には重大な過失があります。したがって，相手方がその錯誤のことを知っていたか，重大な過失によって知らなかったときには，「部品5,000個」の契約を取り消すことができると思われます。

他方，取引の相手方としては「部品5,000個」の契約が成立したと信じて部品を製作したはずですので，その取引を取り消されたことにより発生した損害については，賠償責任を負うおそれがあります。

[解説]

## Q1

### 1　契約の成否

契約は，原則として，申込みと承諾の意思表示の合致によって成立します（民法522条１項）。法律上，契約書の作成が必要となる契約類型もありますが，基本的には，たとえ口頭であっても申込みと承諾の意思表示の合致があれば契約は有効です。

一般的に，発注は契約の申込みと解され，それに対する承諾によって契約が成立します。承諾がない場合であっても，履行があった場合には黙示の承諾があったと考えることができますので，遅くとも履行時に契約が成立したと考えられます。

商人間の取引の場合，承諾期限を定めずに申込みをした場合，相当期間内に承諾の通知を発しなかったときは申込みの効力はなくなります（商法508条１項）。ただし，平常取引をする者からの申込みを受けた場合，遅滞なく諾否の通知を発しなくてはならず（商法509条１項），通知を怠った場合はその申込みを承諾したものとみなされます（同条２項）。

## 2　調達部門の副部長による発注

調達部門の副部長による発注の場合，その調達部門の副部長が発注権限を有しているかが問題となります。

発注権限の有無は，社内規程や個別の授権行為に基づいて決まります。

調達部門の副部長に発注権限がない場合，調達部門の副部長の行為は，法律上，無権代理行為ということになります。無権代理行為は，原則として本人（本件でいう協力会社）に効果帰属せず，例外的に，①代理権の表示があったとき（民法109条），②他の事項について代理権があったとき（民法110条），③代理権を失った者が，かつて代理権を有していた事項について代理したとき（民法112条）に，代理権限があると信じるにつき正当な理由があるときには本人に効果が帰属します。

代理権の表示は黙示でもよく，通常は注文者が調達部門の副部長という肩書を有している場合には代理権の存在を推測させるといえます。また，調達部門の副部長が会社の通常の発注に用いる印鑑を利用できる状況であり，その他の取引先に対しても代理権を有するかのように振る舞っており，会社がそれを知りながら容認しているといった事情がある場合には，調達部門の副部長に発注権限があると信じるにつき正当な理由があると考えられます。逆に，発注権限がないことを推測させるような事情がある場合には，正当な理由が否定されることになります。

したがって，発注権限を有していることを信じるにつき正当な理由がある場合には，調達部門の副部長からの注文を承諾すれば，協力会社との間で契約が成立すると考えることができます。

なお，仮に上記の①から③のような事情がなかったとしても，協力会社から発注内容に従って支払いがなされたような場合には，協力会社による追認があったとみなされるため（民法122条，125条１号），協力会社との間で契約が成立します。

## 3　下請法上の義務

協力会社と当社の資本金が，それぞれ下請法上，「親事業者」「下請事業者」に当たる金額である場合，本取引に下請法が適用されます。すなわち，下請法は，親事業者に対し，給付内容，下請代金の額，支払期日及び支払方法等を記載した書面の交付又は下請事業者の承諾を得たうえでの電磁的記録の提供を義務付けています（下請法３条[注]）。

発注書にこれらの記載事項がすべて記載されていない場合，契約自体は有効であっても下請法違反となります。また，下請代金の額や支払期日等，下請法上の規制があります（詳細については2.5を参照）。

## 4　契約書がないことのリスク

契約書がない場合，瑕疵担保責任や危険負担等については民法に従うことになりますし，裁判管轄については民事訴訟法に従うことになります。

しかしながら，これらの定めが両社間での取引の実態に即しているとはいえない場合も考えられます。この点，取引基本契約書を作成しておくことで，瑕疵担保責任の期間や当事者間の責任の範囲等について，取引の実態に即して決めることができます。

取引がうまくいっているときには契約書の作成が不要に感じられるかもしれませんが，取引基本契約書を作成しておくことで無用なトラブルを避けることができますし，トラブルになった場合であっても長期化，訴訟化を避けることにつながります。

---

**注**　具体的な記載内容については，下請代金支払遅延等防止法第３条の書面の記載事項等に関する規則を参照

# Q2

## 1　契約の成否

契約は，原則として，申込みと承諾の意思表示の合致によって成立します(民法522条１項)。「部品5,000個」と書いた注文書を送っている以上，その内容の契約の申込みの意思表示があったと考えるのが合理的といえます。また，遅くとも5,000個の部品が届いた時点で承諾の意思表示があったといえるため，その時点で部品5,000個の売買契約が成立したといえます。

## 2　錯誤取消し

意思表示に対応する意思が存在しないことを錯誤といいます。

本件は「部品5,000個を注文する」という意思表示をしていますが，実際には「部品500個を注文する」つもりだったので，「部品5,000個を注文する」という意思が存在せず，調達部門の副部長が錯誤に陥っていたといえます。

民法は，①錯誤が重要なものであるときに，意思表示を取り消すことができると定めています（民法95条１項)。ただし，②表意者に重大な過失がある場合は，③取引の相手方がその錯誤のことを知っていたか，重大な過失によって知らなかったとき，又は④相手方が同じ錯誤に陥っていたときを除いて取り消すことはできません（同条３項)。

「①錯誤が重要なもの」とは，その契約の主要部分であって，錯誤がなかったら意思表示をしないようなものをいいます。

本件で部品の数量というのは発注書の主要部分ですし，「部品5,000個を注文する」つもりがなければ発注書を発行しなかっただろうといえますので，錯誤は「①重要なもの」といえます。

次に，部品の数量に誤りがあることについては，発注書を確認することで簡単に発見できますので，「②表意者に重大な過失がある」と判断される可能性は高いと思われます。

さらに，今回が初めての注文のような場合，相手方は「部品5,000個」が誤記であることを認識することができなかったか，簡単に気づくことができなかったと思われるため，「③相手方がその錯誤のことを知っていたか，重大な過失によって知らなかったとき」には当たらないと考えられます。

他方，普段は部品を500個ずつ注文していたのに今回に限って5,000個の注文であった場合や，会社の規模として部品を5,000個も注文しないことが明らかな場合，口頭では「500個」と伝えていた場合などは，相手方は誤記であることを認識していたか，簡単に気づくことができたと思われるため，「③相手方がその錯誤のことを知っていたか，重大な過失によって知らなかったとき」に当たる可能性があります。

そして，「③相手方がその錯誤のことを知っていたか，重大な過失によって知らなかったとき」に当たる事情がある場合には，「部品5,000個」の契約を取り消すことができると思われます。

## 3 契約締結上の過失

契約成立に至るまでの過程において過失によって相手方に損害を与えた場合には，賠償責任を負うものとされています。

本件の取引の相手方としては，「部品5,000個」の契約が成立したと信じて部品を製作したはずですので，その後にその取引を取り消された場合には損害が発生するおそれがあります。

したがって，上記2の錯誤取消しが可能な場合であっても，相手方に生じた損害については賠償責任を負うおそれがあります。

ただし，相手方も誤記に気づいたうえで部品を製作したような場合には，過失相殺や権利の濫用の反論をすることが考えられます。

# 3.2 部品の採用まで

**Q1** 当社はこれまで自動車産業以外の分野で事業を行ってきましたが，業界の規模が縮小しているため，新しい領域として，過去に商談のあった自動車産業への進出を検討しています。自動車産業における部品採用は，どのように進むのでしょうか。新規参入業者として，どのようなことに気をつけるべきでしょうか。

**Q2** 完成車メーカーからの性能向上の要求が厳しく，繰り返し評価試験を行った結果ようやく試験に合格し，新部品の採用が決まりました。試験に合格するため，これまでとは異なる工程や加工を採用しているので，問題が起きないか心配しています。

**A1** 一般的な国内の自動車部品取引においては，完成車メーカーによるコンペ，大手自動車部品サプライヤーによる試作，量産準備を経て，自動車部品の調達先や価格が決まります。調達先や取引条件の決定には，完成車メーカーや自動車部品の１次サプライヤーの方針が強く反映されます。

新しく部品を採用してもらうために情報収集を行う場合には，競合他社との情報交換に注意する必要があります。競合他社と接触して価格などの取引条件に関する情報を交換した場合には，カルテルとして摘発されることがあるので，競合他社との不用意な接触は避けるべきです。

**A2** 承認図部品に関して，完成車メーカーの試験に合格し，図面の承認を受けたとしても，通常，これらの事情のみによって，製造・納品する部品の性能に対する自動車部品メーカーの責任が免除されることはありません。開発・設計・製造の各プロセスは，自動車部品メーカーの責任で実施されるという認識のもと，適切な品質管理を行う必要があります。

［解説］

## Q1

## 1　採用（調達先の決定）までの一般的な流れ

自動車部品の調達は，完成車メーカーや対象となる部品などによって変わり，一律の仕組みが存在するものではありません。もっとも，自動車部品取引に関する法務を理解するためには，自動車部品取引の流れを把握することが重要と考えられますので，ここでは，日本国内における一般的な自動車部品の調達の流れを解説します。

### (1)　自動車部品の調達の流れ

自動車製造産業は，完成車メーカーを頂点とし，その下に自動車部品メーカーが多重に連なるピラミッド型構造をなしています（詳細については1.1を参照）。すべての自動車部品は，最終的に，完成車メーカーのもとに集まり，完成車に組み込まれて市場へと流通していきます。このような産業構造からもわかるとおり，自動車部品の調達は，完成車メーカーの需要を起点として開始されます。

完成車メーカーは，新しい自動車製品の企画・コンセプトを作成すると，これに基づいて，部品ごとに調達業者を決定するためのコンペティション（コンペ）を行い，調達業者を決定します。このコンペに参加するのは，通常，完成車メーカーと直接の取引関係を有する大手自動車部品メーカー（１次サプライヤー）です。１次サプライヤーは，完成車メーカーから開示されるコンセプトや基本仕様，ライフサイクル等の情報をもとに，具体的な部品の企画・設計を行い，コンペに参加します。このコンペを通じて，試作を行う自動車部品メーカーが絞り込まれ，価格交渉も行われます。通常は，試作を行う自動車部品メーカーが量産品の製造も実施します。

試作を行う自動車部品メーカーが決まると，そのメーカーは具体的な部品の開発・設計を行い，量産に向けた準備を進めます。この過程を経て，量産仕様が決定されます。また，１次サプライヤーも，すべての部品や原材料を自社で製造しているわけではないので，自社が担当する部品の製造に必要な原材料や，より細分化された部品を調達するための調達先（２次サプライヤー）を選定することになります。１次サプライヤーは，自社の調達先候補となる自動車部品メーカーの情報を常に収集しており，そのような情報や自動車部品メーカーからの提案を比較検討しながら，コンペ等も行いつつ，部品の調達先を決定していきます。２次以下のサプライヤーも，同様の方法で調達先を決定しており，このあたりの取引の流れは，日本の製造業における一般的な取引慣行と大きく異ならないと考えられます。

### ⑵ 新規参入の留意点

基本的な流れは以上のとおりですが，自動車部品の具体的な仕様は，完成車メーカーが行うコンペや量産前の試作を通じて決定されており，おおむね，完成車メーカーと１次サプライヤーに当たる大手自動車部品メーカーの共同作業によって決められているといえます（なお，完成車メーカーと大手自動車部品メーカーとの間では，人材交流も実施されています。）。たとえば，コンペの段階で特定の技術を利用した部品を用いることが前提となっていたら，その技術を持たない自動車部品メーカーは，早くも調達先の候補から外れてしまいます。ピラミッドの下層における具体的な部品調達は，完成車メーカーや１次サプライヤーの各地の工場や２次以下のサプライヤーによっても行われますが，そのような場合でも，調達先の決定には，完成車メーカーや１次サプライヤーの本社の意向が反映されることがあります。

また，国内の自動車部品取引においては，特定の自動車のモデルについて量産開始までに決まった各部品の調達先は，そのモデルの生産（保守部品の提供を含みます。）が終了するまで固定されることが通常であり，生産途中に調達先が変更されることは稀な事態です。完成車メーカーや自動車部品メーカーは，５年から10年後を見据えた新モデルの開発を行っているため，自動車部品取引に新規参入しようとする部品メーカーは，長期的視野を持って参入することが求められます。

## 2　カルテル

新規参入業者に限ったことではありませんが，上層の完成車メーカーや自動車部品メーカーから受注を受けるために，競合他社に関する情報を収集することは重要な活動です。しかし，競合他社の情報を得たいあまり，競合他社に接触して情報交換を行ってしまうと，カルテルに当たるおそれがあります。

カルテルとは，事業者が他の事業者と連絡を取り合い，商品の価格や販売・生産数量などを共同で決定する行為をいいます。カルテルは，本来行われるべき市場での競争を事業者が不当に回避するものであるため，多くの国・地域において法律により禁止されています。日本では，独占禁止法がカルテルを禁止しており（独占禁止法３条，２条６項），カルテルを行った会社には課徴金や罰金が科され，関与した個人にも刑事罰が科されます。

競合他社と一緒に販売価格を決定することがカルテルに該当することは理解しやすいですが，明示的な合意がないとしても，たとえば，価格に関する情報交換（相互に情報提供する場合に限られず，一方向に価格が伝達されたにとどまる場合も含まれます。）を経て，暗黙のうちに競合他社と同調して販売価格を引き上げることとした場合にも，カルテルに該当することになります。特に，ある自動車部品を製造できるメーカーが少ない寡占市場の場合には，カルテルリスクはより大きなものとなりますが，そのような部品は少なくありません。カルテルを防止するためには，競合他社との接触・情報交換は，可能な限り避けるべきといえます。

また，カルテル規制に関しては，海外当局による取締りにも注意する必要があります。自動車部品は，たとえそれ自体は小さな部品であったとしても，サプライチェーンをたどって完成車に組み込まれます。完成車メーカーはいずれも大企業であり，生産された完成車は世界中の市場へと流通していきます。そのような過程を経て，カルテルによる競争回避の効果が海外市場に影響を及ぼした場合には，海外当局によるカルテルの摘発が行われる可能性があります。

2017年には，日系４社を含む自動車部品メーカー５社が欧州域内でシートベルトやエアバッグなどをめぐってカルテルを行ったとして，欧州委員会から合計約3,400万ユーロ（当時のレートで約45億円）の制裁金を科されたという事案が報道されています[注]。制裁を受けた企業には，日系の中小企業も含まれているようで，カルテルは必ずしも大企業だけの問題とはいえません。

# Q2

## 1　承認図部品

日本国内の完成車メーカーが仕入れる自動車部品は，その多くが，いわゆる「承認図部品」です。承認図部品とは，完成車メーカーが提示した要求仕様を踏まえて，自動車部品メーカーが主体的に部品の開発を行い，完成車メーカーによる評価試験や図面の承認を経て，製造する部品を指します。自動車部品メーカーが，部品の製造のみならず開発にも大きく関与する点が特徴的です。

承認図は，自動車部品の製造にあたりコアとなる図面ですが，部品の製造に必要なすべての情報が承認図に表現されているわけではありません。自動車部品メーカーは，承認図には表現されていない詳細な図面や，自社が保有している固有の技術を使用しながら，部品の製造を行うことになります。

## 2　承認図部品に対する承認の意味

完成車メーカーから部品の図面について承認を受けた場合に，その承認が法的にどのような意味を持つのかは，その部品に関する完成車メーカーと自動車部品メーカーの具体的な交渉・合意内容によって異なると考えられます。

承認図方式による部品の発注は，その部品について，完成車メーカーより自

---

**注**　日本経済新聞電子版「日本企業４社など制裁金，自動車部品カルテルで45億円」（2017年11月22日）
https://www.nikkei.com/article/DGXMZO23814010S7A121C1TI1000/

動車部品メーカーの方が多くの技術・ノウハウを有しており，技術力が高い場合に選択されることが通常です。すなわち，自動車部品メーカーが主体となって部品の開発・設計を行うことが期待されており，現実の開発・設計もこの役割分担に従って行われることが通常でしょう。そのため，承認図部品に関する開発・設計の責任は，通常，自動車部品メーカーに存在するということになります。

もとより，カスタム部品の供給契約において，供給対象となる部品の仕様は契約の不可欠な要素であり，仕様書や図面によって特定されます。図面の承認は，発注者である完成車メーカーがその図面を契約の合意内容とすることに同意したことを意味し，一般的には，これ以上の法的効果を有するものではないと考えられます。図面の承認が，その図面に基づいて製造される部品の性能に対する合意（売買契約における仕様の合意）や完成車メーカーの指示（注文者の指示。民法636条等参照）を構成するかどうかは，より慎重な検討が必要となると考えられます。

## 3　自動車部品メーカーの責任

上記１のとおり，部品の製造に必要な情報は，そのすべてが承認図に表現されているものではありません。承認図において，意図的ないし無意識に省略され，抽象的に記載されている技術上の情報も存在しますし，およそ図面化になじまない製造上のノウハウも存在します。製造工程における作業ミスを別としても，完成部品の性能に影響を及ぼす事項で，承認図に記載されていないものは無数に存在します。

承認図部品の取引においては，通常，これらの事項のうち，部品の開発・設計・製造に関するものは自動車部品メーカーの責任範疇に属しており，図面に対する完成車メーカーによる承認は，これらの事項に関する自動車部品メーカーの責任を免ずるものではないと考えられます。図面等の変更について完成車メーカーから具体的な指示があったというような特別の事情が存在しない限り，注文者の指示が認められることは稀と考えられますし，そのような場合であっても，部品について専門的な知識・ノウハウを有する自動車部品メーカーには，完成車メーカーからの指示を反映するかどうかを主体的に分析・検討する一定の責任が存在する場合が多いでしょう。

また，承認図に従って製造した部品が，完成車メーカーからの要求仕様を満たしておらず，その原因が承認図に記載されている設計に存在する場合にも，その承認図について完成車メーカーからの承認を受けていることのみをもって，自動車部品メーカーの免責事由とする（たとえば，仕様書に記載された要求仕様ではなく，承認図に基づく仕様が契約内容であると解釈する）ことは困難だと思われます。このような場合には，完成車メーカーによる試作品の評価方法の適切さ，問題になっている具体的な設計に関する完成車メーカーと自動車部品メーカーとの間のコミュニケーションの内容など，より具体的かつ詳細な事情をもとに，責任の所在を検討する必要があります。

# 3.3 仕様の確定・仕様変更

**Q** 当社は1次サプライヤーですが，完成車メーカーから仕様を提示される場合が多く，仕様提示書を前提に見積もりを出しています。しかし，後になって，完成車メーカーが一方的に仕様を変更し，コストが増える場合があります。①仕様変更を要求された場合，当社は応じる義務がありますか。また，②仕様変更に応じた場合，価格はどうなるのでしょうか。

**A** 「仕様」は，製作物の供給や売買において，その債務の内容を構成する重要な要素です。どのような物を製作する義務を負うのか，あるいは販売するのかは「仕様」によって決まります。このように「仕様」は契約の内容そのものですので，契約当事者が合意して初めて確定します。一度確定した「仕様」について，一方的に変更を要求されても，応じる義務はありません。

もっとも，状況により仕様変更に応じる，あるいは応じざるを得ないということもあると思います。追加でコストがかかる場合が少なくありませんが，相当の負担が発生する仕様の変更であっても，当然に価格も変更されるわけではありません。また，納期に影響がある場合もあります。仕様変更を受け入れる前に，価格の変更，納期の変更についてしっかり協議し，セットで合意しておく必要があります。

[解説]

## 1　仕様とその確定

「仕様」が指すものは，製作する対象や契約の種類などによって異なりますが，一般には，製品や部品の材料，備えるべき品質・性能，施工・製造方法など，満たすべき要件のことをいい，これらを記載した文書を仕様書といいます[注]。

自動車部品の場合，通常，完成車メーカーが車種のコンセプト，仕様を提示し，コンペによって自動車部品サプライヤーが選定されます。しかし，①コンペの段階で仕様の詳細まで確定している場合，②コンペの段階では仕様の詳細までは確定しておらず，自動車部品サプライヤーの方が仕様の詳細を提案し，その後に自動車部品サプライヤーの開発を経て，仕様が確定する場合など，車種や部品の種類，完成車メーカーの方針などにより，仕様が確定するまでの過程には，いろいろなケースがあります。

その都度不具合を修正しながら開発していくシステム開発契約などでは，仕様が確定しているか否か，いつ確定したのかが争点となることがありますが，自動車部品についても，量産されるまで長期の開発が前提となることがあり，完成車メーカーと自動車部品サプライヤーの間で仕様がいつ確定したといえるかについての認識に差が出ることが考えられます。どの時点で，どのような「仕様」について合意し，確定したのか，常に意識する必要があります。

たとえば，当初見積もりの前提となっていた仕様書，見積もりまでに完成車メーカーとやりとりした内容は合意された「仕様」を認定する際に重要な手がかりとなります。見積書の中に見積もりの前提とした仕様書を明示したり，条件を詳細に記載したりすることや，双方が確認した仕様書を添付した議事録を作成しておくことは紛争を予防するという面，また裁判になってからの立証の面，いずれにおいても大切といえます。

---

**注**　木島康雄監修『入門図解契約書・印鑑・印紙税・領収書の法律知識』154頁（三修社，2018），NPO法人建築問題研究会編『ここが知りたい建築紛争』96頁（日本加除出版，2016）参照

## 2　仕様変更と契約の自由

仕様変更は，①自動車部品サプライヤーから提案する場合，②完成車メーカーが要求する場合のいずれもありえます。自動車部品サプライヤーの方から提案する場合は，通常，価格変更を合わせて提案することになるため，過大な負担が発生することはあまり考えられません。なぜなら，完成車メーカーが仕様変更に伴う価格の変更の提案を採用すればそれでよいですし，仕様を変更しないと決定するのであれば，予定どおりの請求をすることができるからです。

問題となるのは，完成車メーカーから仕様の変更を要求される場合です。この場合，二つのケースが考えられます。一つは，完成車メーカーとしても，仕様の変更であることを認識しつつ要求しているケースです。もう一つは，（自動車部品サプライヤーから見れば仕様変更であるのに）完成車メーカーとしては，仕様の変更ではなく，当初見積もりから想定される仕様の範疇であると認識して要求しているケースです。

まず前者の場合です。契約の自由の原則は，近代私法の基本原則であり，2020年施行の改正民法では，①契約を締結するかどうかを決定する自由（民法521条１項），②契約の内容を決定する自由（同条２項），③契約の成立には特別の方式の具備を要しないという締結方式の自由（民法522条２項）が明文化されました。前者の仕様変更は契約内容の変更といえます。自動車部品サプライヤーは，②契約の内容を決定する自由があり，変更に応じるかどうかも自由ですので，完成車メーカーに一方的に仕様変更を要求されても，応じる義務はありません。具体的な局面においては，取引先の要求にはできる限り対応しようと努力するメーカーが多いのではないかと思いますが，法的な義務ではなく，あくまでビジネス上の努力にとどまるものと整理できると考えます。

他方，後者のように，完成車メーカーが当初見積もりの範囲内と認識している場合，要求を拒絶すると，拒絶した自動車部品サプライヤーの方が債務不履行責任を問われる可能性があります。そもそも仕様の範囲内か仕様変更なのかが争いになるのは，完成車メーカーの仕様が曖昧であることに起因することが少なくありません。仕様の不明瞭な点は問い合わせ，必ず書面化しておきましょう。また，完成車メーカーの要求に対しては，見積書と見積もり当時の仕様書を確認し，十分コミュニケーションを図り，双方の認識の齟齬を埋める努力が必要といえます。

仕様の解釈の問題なのか，仕様変更なのか，完成車メーカーの要求の意味について理解していない場合，思わぬ結果となるリスクがありますので注意してください。

## 3　仕様変更と価格の再合意

完成車メーカーとの関係や緊急度により，仕様変更にただちに応じざるを得ない場合も多いと思われます。その場合でも，価格の変更について先送りせず，仕様の変更の条件として価格も変更したということは，書面で確認しておきたいところです。覚書等を作成できればよいですが，これができない場合でも，仕様の変更箇所を明示したうえ，再度見積書を提出し，権限のある担当者から受領印をもらうなど，仕様の変更に伴い価格も変更されたということが明確にわかるようにしておくことが大切です。

「価格については追って協議する」という約束で，仕様の変更についてだけ先に進めることも実務上よく行われますが，仕様変更後に製造を開始すると後戻りができなくなり，自動車部品サプライヤーの交渉力は弱まる傾向にあるため，できるだけ早い段階で価格について協議するべきといえます。

## 4　下請法が適用される取引と仕様変更

本件では，1次サプライヤーが完成車メーカーから仕様変更を要求されていますが，自動車部品サプライヤーの規模は大小さまざまであり，1次サプライヤー以下の部品サプライヤーの場合には，受託者であり，（2次サプライヤー以下の部品サプライヤーに対して）委託者でもあるということが多いと思われます。

取引に下請法が適用されない場合は，完成車メーカーや委託者である上流のサプライヤーとの関係性から仕様変更の要求を受諾するか否かを判断せざるを得ず，実質的に拒否権がないという場合も少なくありません。対抗手段としては，見積書の条件設定を詳細に明示しておく，見積書の前提となる仕様書，仕様内容のやりとりが明確になるように記録化しておく，詳細に議事録を残しておくなどの地道な努力をし，価格や費用負担について交渉できる材料を備えておくことなどが考えられます。また，下請法違反とはいえないとしても，一方的に仕様変更を要求され，その他の条件について誠実に協議に応じてもらえないような場合は，コンプライアンス上問題があることを指摘し，取引の健全化を求めていくことも重要であると考えます。

他方，下請法が適用される取引の場合，親事業者が仕様変更を一方的に要求し，価格の変更や追加費用の負担について合意ができないままこれに応じざるを得なかったとき，下請事業者は，下請法違反のおそれを指摘し，対応を求めることが考えられます。

たとえば，親事業者が自己都合で仕様変更したにもかかわらず，変更に要した費用を支払わない場合ややり直しをさせる場合は，下請法４条２項４号の不当な給付内容の変更・不当なやり直しに該当する可能性があります。その変更に伴って納期遅れが生じた場合に，代金を減額するような場合は，下請法４条１項３号違反となる可能性があります。また，仕様変更前に製作済みの部品を受領されない場合，これは受領拒否（下請法４条１項１号）に該当すると主張すべきでしょう。

下請法が適用される取引の親事業者となる場合には，仕様の変更についても適正な取引となるよう注意してください。

# 3.4 生産計画

**Q** 当社は２次サプライヤーで，１次サプライヤーの生産計画に基づいて，材料を調達したり，一定数の在庫を保持するようにしたりしています。今般，ある部品について，市場環境の変化などを理由に発注を中止するとの連絡がありました。１次サプライヤーの生産計画のもとで設備を新しくし，一定の数量の製品を準備していたため途方に暮れています。①提示された生産計画の法的意味を教えてください。１次サプライヤーは自由に生産計画を変更しても許されるのでしょうか。また，②当社の損害は賠償されますか。

**A** 多くの場合，生産計画はあくまで計画・予定であり，当事者に「発注義務」や「製造義務」を負わせるものではありません。個別のケースによるものの，生産計画を変更すること（本件の場合，発注の中止）が債務不履行になる可能性は低く，生産計画が変更されても，受け入れざるを得ない場合がほとんどです。

もっとも，生産計画の変更により被った損害について，いかなる場合も一切賠償されないわけではないと考えます。たとえば，1次サプライヤーが2次サプライヤーに過大な期待を抱かせて設備投資を主導した場合や，やむを得ない事情がないにもかかわらず，一方的に継続的契約を打ち切った場合などは，一定の範囲で損害賠償や損失補償が認められる可能性があると考えます。

［解説］

## 1　生産計画とは

「生産計画」は，日本産業規格において「生産量と生産時期とに関する計画」と定義されており[1]，いつまでにどのくらいの量の製品を製造するのかなどについての計画をいいます。また，製造戦略及び経営戦略の下に位置付けられるものであり，販売計画及び部品調達計画と連動させる必要があるとされています[2]。

## 2　生産計画の法的拘束力

自動車部品の場合，通常，完成車メーカーが車種や生産台数，販売時期等の計画を立案し，１次サプライヤーにその生産計画を示して発注を行います。１次サプライヤーは，完成車メーカーの生産計画に基づき自社で生産計画を作成し，２次サプライヤーに提示することになります。２次サプライヤーは，１次サプライヤーの生産計画に基づき部品の量産計画を立て，製造しますが，必要とされる部品の種類や量によっては新たに設備を導入することもあります。

自動車の場合，季節による販売量の変動は他業種よりは少なく，過去の販売実績等をベースに綿密な生産計画が作られています。しかし，完成車メーカーが販売予測を見誤るケースや，近時は，大災害や疫病の蔓延，戦争等，社会情勢の変化により，計画の変更を余儀なくされるケースも発生しています。

１次サプライヤーの生産計画を信頼して準備していた２次サプライヤーは，特に減産，発注の打ち切りの場合に大きな影響を受けますが，この際問題となるのが，生産計画の法的拘束力です。

生産計画に法的拘束力があるならば，１次サプライヤーは，その種類の部品を，計画した数量，計画した時期に発注する義務を負うことになります。他方

---

1　日本産業標準調査会（JISC）『日本産業規格　生産管理用語』（JIS Z8141：2022）3302 生産計画

2　日本産業標準調査会・前掲注１

で，２次サプライヤーは，その種類の部品を，計画した数量，計画した時期に供給する義務を負うことになります。生産計画にはそのような強い拘束力があるのでしょうか。

生産計画がどの程度当事者を拘束するかは，生産計画の内容が契約内容（債務）になっているかがポイントとなります。単なる計画・予定のレベルを超え，契約内容（債務）になっているといえるならば，１次サプライヤーが一方的に生産計画を変更して発注を打ち切ったり，発注量を大幅に減少させたりするなどの変更をすることは許されません。一方的に発注を打ち切ったり減らしたりすると，１次サプライヤーは債務不履行となり，損害賠償責任を負うことになります。

しかし，実際には生産計画が提示され，準備に入ったことで契約が成立し，生産計画が契約内容（債務）となっているといえるのは極めて稀なケースと思われます。契約内容（債務）になっているといえるかは一義的に決まるわけではなく，生産計画を示した時期や示した方法，生産計画の具体性の有無，当事者間のやりとりなど，契約が締結されるまでの経過全体を見て，商習慣も考慮のうえで判断されることになりますが，生産計画を提示する段階では，その生産の時期や数量はある程度幅があるのが一般的で，確定的な発注という意味で提示されることはまずないからです。

そのため，１次サプライヤーが生産計画を変更した場合，特段の事情がない限り，２次サプライヤーとしてはこれに従わざるを得ません。

## 3　生産計画の変更に伴い発生する損害・損失

上記のとおり，生産計画があくまで計画・予定で法的拘束力を有しないとしても，生産計画が変更されることにより，新たに作った設備がムダになったり，大量の在庫が発生したりするなど，２次サプライヤーは重大な影響を受けることがあります。生産計画自体に法的拘束力がなく，債務不履行責任を問えないとしても，契約締結上の過失を理由として損害賠償請求することが考えられます。また，すでに契約が締結され，継続的な取引になっているものが打ち切られてしまう場合には，やむを得ない事情がなく金銭補償もなされていないとして，契約解消はできないと主張することが考えられます。

### (1) 契約締結上の過失

契約締結上の過失とは，契約締結の段階，あるいは契約締結前の準備段階における契約締結を目指す当事者の一方の過失によって相手方に損害を与えた場合，一方当事者がその損害を賠償する義務を負う理論のことをいい[3]，判例，裁判例上も認められています[4]。当事者の一方が契約交渉を正当な理由なく打ち切り，それにより相手方の契約成立への期待を裏切ったり，無用の出費をさせたりした場合，損害賠償請求が認められることがあります。

たとえば，何度も交渉を重ね，１次サプライヤーが２次サプライヤーの設備投資等の予定について十分認識していたにもかかわらず，より早いタイミングで通知できた生産計画の変更を直前まで伝えず，このために２次サプライヤーに損害が発生したような場合や，１次サプライヤーが主導的に設備投資を推奨したにもかかわらず，価格の安い２次サプライヤーに発注先を変更するような場合は，契約締結上の過失を理由に損害賠償請求が認められる余地があると考えます。

ただし，契約締結上の過失により損害賠償が認められる範囲は，契約が履行されたら得られたはずの利益（生産計画どおりに発注されれば支払われたであろう製品代金）までは含まれず，設備が何らかの形で利用可能な場合，その転用に必要な改修費用の範囲のみにとどまる可能性があります[5]。

---

3 島岡大雄「当事者の一方の過失により契約締結に至らなかった場合の損害賠償責任」判タ926号42頁（1997）

4 最判昭和59年９月18日判時1137号51頁，最判平成19年２月27日判時1964号45頁ほか

5 契約締結上の過失の損害賠償の範囲は，「契約を有効だと誤信したことによってこうむった損害（信頼利益）」のことであり，履行利益，すなわち塡補賠償や転売利益などは含まれないとされていましたが（我妻榮・有泉亨・清水誠・田山輝明『我妻・有泉コンメンタール民法─総則・物権・債権［第８版］』1108頁（日本評論社，2022）），具体的事案においては，危険分配の視点からの個別吟味を経て，どこまで出捐・借入金利息等の回復が認められるべきかが個別的に判断されているとの指摘もされています（谷口知平＝五十嵐清編集『新版注釈民法⒀債権⑷［補訂版］』129頁〔潮見佳男〕（有斐閣，2006））。

### (2) 継続的契約の解消

継続的契約の解消については，契約関係の安定性を保護するという観点から，一定の制約が課されるという考え方が多くの裁判例で採用されています。裁判例では，「取引関係を継続しがたいような不信行為の存在等やむを得ない事由」が必要と指摘するもの[6]，信義則や権利濫用などの一般条項を利用するもの[7]などがあります。もっとも，継続的契約であれば保護されるというわけではなく，個別具体的な事情が考慮され，契約解消の影響の大きさや，設備投資の状況，取引の依存度，予告の期間，損失補償の有無などが考慮されることになります[8]。

たとえば，１次サプライヤーと２次サプライヤーとの間で長年契約関係があり，多額の設備投資を長期間かけて回収していく取引であったにもかかわらず，十分な金銭的補償もなく突然の生産計画の変更により１次サプライヤーが一方的に契約自体を解消しようとする場合，解除が制限される可能性があります。長期間の契約関係があるような場合，２次サプライヤーとしては，契約解消による影響の大きさ（設備転用の可否，依存度等）や損失となる具体的金額等を主張し，金銭補償を求めるべきでしょう。

### (3) まとめ

部品によっては，リードタイムや海外からの輸送期間等も考慮に入れて，発注内示よりもさらに前の段階で，生産計画を念頭に準備行為に着手するという判断を行うこともあるかと思います。このような場合で計画変更になったとき，契約締結上の過失の法理や継続的契約の解消の制限を理由に，損害賠償や一定の補償が認められる場合がありえますが，いずれも個別の事情によって判断されるものであり，確実なものではないため，準備行為の着手時期や費やすコス

---

6　東京高判平成６年９月14日判時1507号43頁
7　東京高判平成９年７月31日判タ961号109-110頁
8　清水建成＝相澤麻美「企業間における継続的契約の解消に関する裁判例と判断枠組み」判タ1406号29-49頁（2015）参照

トについては，計画変更のリスクを踏まえた慎重な判断が必要となります。

1次サプライヤーに費用負担を求める場合には，1次サプライヤーがその準備行為の内容や費用を把握しているか，事前の協議の成熟度等も大事な要素になると考えられますので，1次サプライヤーと密に連携し，準備行為に着手することが大切です。

## 4　両社の取引に下請法が適用される場合

上記のとおり，生産計画が示された段階では，いまだ契約は成立しておらず，法的拘束力を有しないのが通常であるため，1次サプライヤーが生産計画を変更したとしても，下請法違反になる可能性は極めて低いといえます。

しかし，重要なのは実質であり，「生産計画」という名称であっても，実質は発注や発注内示と評価されるような場合には，一方的な変更は下請法4条2項4号の不当な給付内容の変更，これによる製造済みの製品の受領拒否は同法4条1項1号[9]，代金を減額する場合には同法4条1項3号，返品する場合は4条1項4号[10]に該当する可能性があります。

9　生産計画の変更を理由とした受領拒否についての違反行為事例として，公正取引委員会・中小企業庁「下請取引適正化推進講習会テキスト」（令和4年11月）42頁及び156頁

10　事業計画の変更を理由とした返品についての違反行為事例として，公正取引委員会・中小企業庁・前掲注9）65頁及び164頁

# 3.5 発注内示

**Q** 当社は２次サプライヤーです。当社では，通常，取引先である１次サプライヤーの発注内示を受け，納品のための準備を開始しますが，内示で示された数量から大幅に減産となったり，発注内示が取り消されたりする場合があります。減産となった場合や発注内示が取り消された場合，当社の損害は賠償されるものなのでしょうか。

**A** 「発注内示」は，法律上の定義があるわけではなく，その意味する内容は，業界や取引当事者間によって違いがあります。その「発注内示」が，①単なる発注の予定を伝えるものなのか，②確実とまではいえないものの発注が見込まれるため，予定納期に間に合うよう準備をしてほしいというものなのか，③発注が確実であるものの，内容の変更や取消しの可能性があるため「内示」という形式をとっているにすぎないと評価されるもの（実質的に発注）なのかによって，損害が賠償されるか否かに違いが生じる可能性があります。

自動車業界においては，「発注内示」は，②の趣旨であることが多く，「発注内示」があったタイミングで準備行為に着手することがよくあり，変更や取消しになった場合に損害賠償が認められる可能性は，一般的な取引と比べて高いと考えます。

もっとも，損害賠償請求が認められるかは個別の事情によりますので，２次サプライヤーとしては，１次サプライヤーとの間で，発注内示が取り消された場合の補償について事前に確認し，できるだけ自社に有利な補償ルールを合意しておくことが大切といえます。

［解説］

## 1　発注内示とは

「発注内示」は，法律上の定義があるわけではなく，どのような意味で「発注内示」という言葉が使われているかは，業界や取引当事者間によって異なります。大きく分類すると，以下の三つに分けられると考えます。

① 生産計画よりも具体的であるものの，あくまで発注の予定を伝えるもの
② 確実とまではいえないものの発注が見込まれるため，予定納期に間に合うよう製造・販売の準備をするよう指示するもの
③ 発注が確実であるものの，内容の変更や取消しの可能性があるため「内示」という形式をとっているにすぎないと評価されるもの（実質的に発注）

## 2　発注内示の法的拘束力

発注内示により契約が成立し，法的拘束力を有するか否かは，発注内示がどのような意味で出されているかによります。個別の状況によりますが，通常は，発注内示の後に，正式な発注があって契約成立となると考えられますので，上記①や②の場合は，準備行為をしたとしても，契約が成立していると評価できる可能性は低く，発注内示に法的拘束力までは認められないと考えます。他方，上記③の場合は，実質的には発注そのものと評価され，製造の着手等により，契約が成立しているといえる（すなわち，発注内示に法的拘束力がある）可能性があります。

自動車業界における「発注内示」は，「生産計画」と比べて格段に重い意味を有し，「発注内示」を契機に，量産できる体制を整え予定納期に納品できるよう製造に着手することが多く，②の趣旨であることが比較的多いと考えられます。

## 3　発注内示の内容変更や取消しにより発生した損害・損失

### (1)　契約は成立していないものの，準備行為に着手している場合（①・②）

契約が成立に至っていない場合でも，一定の程度以上の交渉がなされ，合意内容がある程度詰まってきた後に交渉が破棄された場合の相手方の不利益や損害については賠償されることがあります（契約締結上の過失・交渉破棄類型）[1]。

どのような場合に損害賠償が認められるかは事案によって異なりますが，過去の裁判例では，交渉の経過，交渉の成熟度，相手方の関与の程度，矛盾した行為や不誠実な行為の有無，当事者の属性，取引業界の慣行等が考慮されています[2]。

上記①の場合，まだ「予定」にすぎないことがわかっていながら自らの判断で，リスクを承知で準備行為に着手したともいえますので，損害賠償は認められない可能性がありますが，上記②の場合は，損害賠償が認められる可能性が相当程度以上あると考えます。なお，損害賠償の範囲は，契約の成立を信頼したことによるいわゆる「信頼利益」の賠償に限られる（契約が履行されたら得られたはずの利益までは含まれない）という見解もあります[3]が，裁判例上は事案ごとに判断されており，一律ではありません[4]。

２次サプライヤーが発注内示を受けて，設備投資をしたり，製造に着手したりしているにもかかわらず発注内示が一方的に取り消された等の事情がある場合，転用不可能な設備の製作費用や製造済みの製品代金，廃棄費用などは損害賠償が認められる可能性があると考えます。

### (2)　発注内示により契約が成立していると評価できる場合（③）

発注内示が実質的には発注であると評価される場合，契約書面等で別途合意

---

1　島岡大雄「当事者の一方の過失により契約締結に至らなかった場合の損害賠償責任」判タ926号42頁（1997）参照

2　中田裕康『債権総論［第４版］』145頁（岩波書店，2020）参照

3　我妻榮・有泉亨・清水誠・田山輝明『我妻・有泉コンメンタール民法―総則・物権・債権［第８版］』1108頁（日本評論社，2022）

4　谷口知平＝五十嵐清編集『新版注釈民法⒀債権⑷［補訂版］』129頁〔潮見佳男〕（有斐閣，2006）参照

がない限り，発注内示を一方的に取り消すことはできず，内容変更や取消しによる相手方の損害については賠償する責任を負います。

たとえば，すでに製造した製品で転売，転用できず，廃棄せざるを得ないものや，その取引のために新しく準備した設備で転用が不可能なものの製造費用や廃棄にかかる費用については，損害賠償が認められる可能性が高く，さらに発注予定分の製造代金相当額の損害賠償（ただし，まだ製造していない場合は製造にかかるコストは差引きされ，得られたであろう利益部分のみとなると考えます。）が認められる可能性もあると考えます。

### (3) 自動車業界の特徴

サプライチェーンが確立している自動車業界の場合，完成車メーカーや上流サプライヤーの発注内示の変更や取消しにより直接影響を受け，発注内示を取り消さざるを得ないということがあります。そのような場合にも，発注予定者が損害賠償責任を負うのでしょうか。

この点に関しては，最高裁判決[5]が参考になります。この判決は，自動車部品に関する事案ではないものの，「被上告人[6]は…最終的に被上告人とＡ社[7]との間の契約が締結に至らない可能性が相当程度あるにもかかわらず，上記各行為により，上告人[8]に対し，本件基本契約又は４社契約が締結されることについて過大な期待を抱かせ，本件商品の開発，製造をさせたことは否定できない」と指摘しました。そして，「上告人も，被上告人も，最終的に契約の締結に至らない可能性があることは，当然に予測しておくべきことであったということはできるが，…上告人が本件商品の開発，製造にまで至ったのは無理からぬことであったというべき」などと認定し，「契約準備段階における信義則上の注意義務違反」があるとして被上告人に損害賠償責任を認めています。

---

5　最判平成19年２月27日判時1964号45頁
6　A社から，B社を通じて商品の開発業者を手配し，供給することを受託した者。以下同じ。
7　ゲーム機等を販売するアメリカの会社
8　商品の開発の打診を受けた製造業者。以下同じ。

完成車メーカーや上流サプライヤーの発注内示の変更や取消しの影響を受けたことは一つの事情にはなりますが，発注内示の取消しが当然に正当化できるわけではなく，損害賠償責任が認定される可能性は十分あると考えます。

この点，実務上は，発注内示の取消しの場合の補償内容を事前に合意できるケースがあり，この補償内容の決め方で補償される金額に大きな差が出ることがあります。損害が填補される可能性があるとはいえ，具体的な状況によっては損害賠償が認められない場合もありますし，継続的な取引先に対し裁判をして問題解決するという選択肢はまずとりえません。準備行為に着手する前に，発注内示が取り消された場合の補償ルールをできるだけ具体的に合意し，書面化しておくことが大切といえます。

## 4　両社の取引に下請法が適用される場合

下請法が適用される場合は，発注内示は発注の予定にすぎないと安易に考えず，親事業者はさらに慎重に対応する必要があります。

たとえば，自動車部品等の製造を下請事業者に見込みの数量で委託していたところ，受注した注文数が見込みの数量を下回ったことにより，発注した部品等の一部を受領していなかったケースは，受領拒否の違反行為事例として紹介されており[9]，発注を取り消す可能性があることから内示という形式で製造委託する数量を伝えている場合に，下請事業者は，「内示の数量に基づき，商品の製造をしていることから，内示が提示された時点」で「製造委託を行っていると取り扱われ」，下請事業者がすでに製造している商品を引き取らない場合は「当然，受領拒否に該当する」と指摘されています[10]。

下請事業者に責めに帰すべき事由がないにもかかわらず，発注内示の一方的な変更や取消しをすると下請法４条２項４号の不当な給付内容の変更，製造済みの製品の受領を拒む場合は同法４条１項１号の受領拒否に該当する場合などがあります。

---

9　鎌田明編著『下請法の実務［第４版］』122頁（公正取引協会，2017）
10　鎌田・前掲注９）125頁

# 3.6 支給材

**Q1** 当社は，下請法の適用のある下請事業者に製造を委託する際に品質を安定化させるために，当社から指定の部品や原材料を支給することを考えています。部品や原材料を有償で支給する際に留意すべき点があれば，教えてください。

**Q2** 下請事業者との契約において，支給材について通常定めてある契約条項と，支給材に不備があったときにどうなるか，教えてください。

**A1** 親事業者が下請事業者に対して，自己の指定する物の購入又は役務の利用を強制することは，正当な理由がある場合を除き，下請法で禁止されています。

また，親事業者が下請事業者に対して原材料等を有償で支給する場合，下請事業者の責めに帰すべき理由がないにもかかわらず，原材料等を用いた納品分の下請代金の支払期日より前に，原材料等の対価を回収することは禁止されています。

さらに，親事業者が下請事業者に原材料等を有償で支給する場合，下請法上，いわゆる「３条書面」及び「５条書類」へ所定の事項を記載する必要があります。

**A2** 支給材に関する契約条項としては，所有権の移転時期に関する規定，危険負担の危険の移転時期に関する規定，支給材の納入・検査・不良品の通知に関する規定，支給材の管理に関する規定等が通常定められます。

支給材に不備があった場合には，契約不適合の問題として，親事業者は追完等の対応をすることになります。

[解説]

## 1　有償支給材のメリット

実務上，メーカーが下請事業者に製造を委託する際，その製造に必要な半製品，部品，附属品又は原材料（以下「原材料等」といいます。）を有償で支給することが行われています。このような取引を「支給材取引」ともいいます。

このような支給材取引は，メーカーにとっては，自社での原材料等の一括購入による製品原価の抑制や，原材料等の品質の維持等のメリットがあります。他方，下請事業者にとっては，一定の品質を備えた必要な分のみの支給材を受け取ることになるので，過剰な在庫を抱えることを防ぎ，原材料等の管理コストを抑制できるというメリットがあります。

| メーカー（支給側）のメリット | 下請事業者（受給側）のメリット |
|---|---|
| ①　一括購入による製品原価抑制<br>②　原材料等の品質維持 | ①　過剰在庫の防止<br>②　管理コスト（空間・固定費）の削減 |

## 2　有償支給材への下請法・独占禁止法の規制

有償での支給材取引については，下請法において，以下の規制が定められています（なお，下請法の規制の概要については2.5を参照）。

### ⑴　購入・利用強制の禁止

#### ア　規制の趣旨

下請法は，正当な理由がある場合を除き，親事業者が，下請事業者に対して，自己の指定する物の購入又は役務の利用を強制することを禁止しています（下請法４条１項６号）。

この規制の趣旨は，親事業者が自社商品やサービス等を下請事業者に押し付け販売することによって，下請事業者が不利益を被ることを防ぐことにあります。

### イ 「強制」に該当するおそれがある場合

親事業者が，下請事業者の意思決定の自由を抑圧し，物の購入又は役務の利用をさせることは，購入・利用の「強制」に該当します。

「強制」には，物の購入又は役務の利用を取引の条件とする場合や，購入又は利用しないことに対して不利益を与える場合のほか，下請取引関係を利用して，事実上，購入又は利用を余儀なくさせていると認められる場合も含まれ，以下の場合は，購入・利用強制に該当するおそれがあります（下請代金支払遅延等防止法に関する運用基準第4第6項(2)）。

① 購買・外注担当者等下請取引に影響を及ぼすこととなる者が下請事業者に購入又は利用を要請すること。
② 下請事業者ごとに目標額又は目標量を定めて購入又は利用を要請すること。
③ 下請事業者に対して，購入又は利用しなければ不利益な取扱いをする旨示唆して購入又は利用を要請すること。
④ 下請事業者が購入若しくは利用する意思がないと表明したにもかかわらず，又はその表明がなくとも明らかに購入若しくは利用する意思がないと認められるにもかかわらず，重ねて購入又は利用を要請すること。
⑤ 下請事業者から購入する旨の申出がないのに，一方的に物を下請事業者に送付すること。

### ウ 購入・利用強制の例外－「正当な理由」が認められる場合

下請法は，購入・利用強制の禁止に形式上該当する場合であっても，「下請事業者の給付の内容を均質にし又はその改善を図るため必要がある場合」には，購入・利用強制の禁止に該当しないとしています（下請法4条1項6号）。

なお，下請法は，上記の場合の他に，「その他正当な理由がある場合」についても，購入・利用強制の例外となると定めていますが，上記以外に該当する場合は考えにくいと考えられます[1]。

### (2) 有償支給原材料等の対価の早期決済の禁止

#### ア 規制の趣旨

下請法は，親事業者が下請事業者に対して原材料等を有償で支給する場合，下請事業者の責めに帰すべき理由がないにもかかわらず，原材料等を用いた納品分の対価である下請代金の支払期日より早い時期に，原材料等の対価を親事業者が回収することを禁止しています（下請法４条２項１号）。

この規制の趣旨は，親事業者が，下請事業者に原材料等を有償支給したうえで，その原材料等を使用して製造した納品分の対価の支払前に，原材料等の対価の回収を行うことで，下請事業者の資金繰りを悪化させる事態を防ぐためです。

なお，下請事業者が親事業者から任意で原材料等を購入する場合は，「自己から購入させた場合」に該当しないので，上記規制の対象となりません。

#### イ 見合い相殺の留意点

実務上，上記規制に抵触しないよう，原材料等を用いた納品分に対する下請代金の支払期日に，支払うべき下請代金から当該原材料等の対価を控除する処理がされることがあります。この仕組みを「見合い相殺」といいます。

見合い相殺の留意点としては，原材料等を一括で有償支給していたとしても，見合い相殺が許されるのは，見合い相殺の対象である下請代金の納品分のために使用された原材料等の対価のみとなる点です。

たとえば，親事業者と下請事業者との間で，①毎月末日までの納品分の下請報酬を翌月末日支払い，②原材料等は１回当たり３カ月分を支給するという合意がされていたとします。この場合，見合い相殺は，①の支払日ごとに，支払われる下請報酬に対応する納品に使用した②の原材料等の代金の範囲で許されることになります。すなわち，最初に到来する①の支払日に，②の１回３カ月分の代金すべてを見合い相殺とすることはできません。

---

1　鎌田明編著『下請法の実務［第４版］』157頁（公正取引協会，2017）

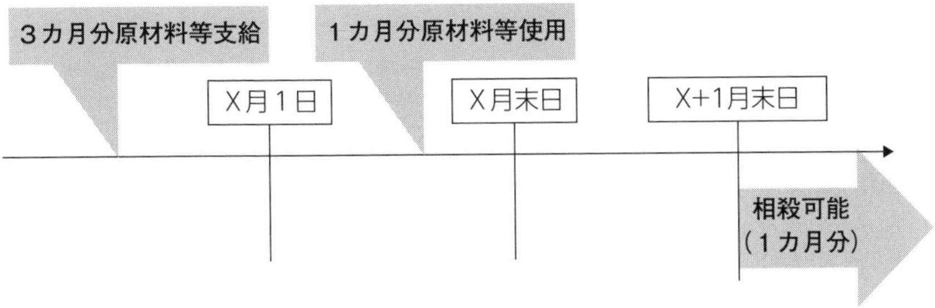


### ウ　下請事業者の責めに帰すべき理由がある場合

下請事業者の責めに帰すべき理由がある場合，その理由に対応する原材料等の対価については，上記規制の適用はありません。

下請事業者の責めに帰すべき理由がある場合としては，①下請事業者が支給された原材料等を毀損し，又は損失したことにより親事業者に納入すべき物品の製造が不可能となった場合，②支給された原材料等によって不良品や注文外の物品を製造した場合，③支給された原材料等を他に転売した場合等が該当すると考えられます[2]。たとえば，下請事業者による不良品の製造に用いられた原材料等の代金については，下請代金の支払期日前の回収が可能です。

## ⑶　下請事業者への通知義務－3条書面及び5条書類への記載

下請法は，親事業者が下請事業者に製造委託等に関して原材料等を有償で支給する場合，支給する原材料等の品名，数量，対価及び引渡しの期日並びに決済の期日及び方法を，いわゆる「3条書面」に記載することを求めています（下請代金支払遅延等防止法第3条の書面の記載事項等に関する規則1条1項8号）。決済の期日及び方法の記載例としては，「支給原材料のうち，製品として納入された分について，その下請代金の支払期日に控除」，「納品分の下請代金支払時にその使用原材料分を控除」などが考えられます。

---

2　鎌田・前掲注1）163頁

また，下請法は，いわゆる「５条書類」に，３条書面の記載事項に加えて，原材料等を実際に下請事業者に引き渡した日及び実際に原材料等の対価を決済した日を記載することを求めています（下請代金支払遅延等防止法第５条の書類又は電磁的記録の作成及び保存に関する規則１条１項10号）。

## 3　支給材についての契約条項

### (1)　通常規定されている条項

支給材を伴う下請事業者との契約では，通常，所有権の移転時期に関する条項，危険負担の危険の移転時期に関する条項，支給材の納入・検査・不良品の通知に関する条項，支給材の管理に関する条項を定めます。

#### ア　所有権の移転時期に関する条項

所有権の移転時期については，納品時，検収時又は代金完済時等と定めることが考えられます。なお，支給材は，通常，不特定物（物の個性ではなく，一定の種類を備えた代替可能な物）であるところ，不特定物の売買では，特段の事情がない限り，目的物が特定（民法401条２項）された時に，売主から買主に所有権が移転すると解されています[3]。しかし，「特定」の時期は必ずしも明確ではないので，契約において明確に定めておくことが望ましいと考えます。

#### イ　危険負担の危険の移転時期に関する条項

危険負担とは，売買契約成立後に，当事者の責めに帰することができない事由で，売買契約の目的物が滅失・毀損等した場合に，そのリスクを当事者のいずれが負担するかという問題のことをいいます。

2020年施行の改正民法は，売主が買主に目的物を引き渡した後に，当事者双方の責めに帰することができない事由によって目的物が滅失・損傷した場合，買主は売主に対して，担保責任を追及することができないことを明文で規定し

3　最判昭和35年６月24日民集14巻８号1528頁

ました（民法567条１項）。

危険負担の移転時期を改正民法から修正する場合（検収完了時，代金支払時等にする場合）には，契約において別途条項を定めることが必要です。たとえば，支給材が，下請事業者に納入されてから，検収が完了するまでの間にその支給材が当事者双方の責めに帰することができない事由によって滅失・損傷した場合，2020年施行の改正民法によれば，買主（下請事業者）が危険を負担（新たな支給材の費用を下請事業者が負担）することになります。そこで，売主側（親事業者）に負担させるためには，危険負担の移転時期を検収完了時とする条項を契約で定めることになります。

#### ウ　支給材の納入・検査・不良品の通知，支給材の管理に関する条項

支給材の納入・検査・不良品の通知に関する条項としては，支給材の納期や納入場所を定める規定，支給材の検査の主体や検査の期間に関する規定，不良品があった場合の通知方法を定めることになります。

また，支給材の管理に関する条項としては，支給材を管理する主体及び管理義務の程度（たとえば，下請事業者が，支給材について善良なる管理者の注意義務を負う旨）を定めることになります。

### ⑵　支給材に不具合があった場合の条項

支給材に不備があった場合には，契約不適合の問題となります。2020年施行の改正民法では，引き渡された目的物が種類，品質又は数量に関して契約の内容に適合しないものであるときは，買主（支給材の有償支給を受ける下請事業者）は，売主（支給材の有償支給をした親事業者）に対し，目的物の修補，代替物の引渡し又は不足分の引渡しによる履行の追完を請求することができるとしています（民法562条１項）。

支給材に不具合があった場合の条項としては，不具合の確認方法，代わりの支給材の納品時期・納品方法について定めることになります。

# 3.7 カスタマイズ部品

**Q** 当社は，部品を製造する２次サプライヤーです。要求されている仕様を満たすために，カスタマイズで部品を製作せざるを得ない場合があります。１次サプライヤーの強い要望でカスタマイズ部品を製作することもありますが，どのようなことに注意すべきでしょうか。

**A** カスタマイズ部品を製作し，後になって不具合が発見された場合，注文者と受注者のいずれが主導して仕様を確定したかで，責任を負う主体が変わる場合があります。

注文者である１次サプライヤーの強い要望でカスタマイズ部品を製作する場合において，製品の品質等に不安を感じる場合は，具体的に問題点や懸念点を指摘し，変更を求めることが大切です。それでも注文者の要望を前提に製作するという場合は，指摘した事項に関する議事録を作成する，注文者の指示どおり製作することを要求された旨を仕様書等に記載しておく，契約書の中に受注者の免責条項を入れるなどして，受注者として十分責任を果たしたこと，また，１次サプライヤーの要望による製作部分について責任を負わないこと等を明確にしておく必要があります。

[解説]

## 1 カスタマイズ部品とは

「カスタマイズ部品」は，一般的な定義があるわけではありませんが，ここでは汎用品を変更したり，新たに部品を追加したりして製作されたオーダーメードの部品をいいます。自動車部品の場合，当初からカスタマイズすることを前提に仕様書を作成し，受注している場合もあれば，当初は汎用品の発注だったものの，完成車メーカーや納品先のサプライヤーの希望により，汎用品を途中でカスタマイズする場合があります。また，汎用品の組み合わせで製作される場合もあります。

## 2 カスタマイズ部品の製作と契約不適合責任・製造物責任

カスタマイズ部品の製作・製造を委託する場合，「製作物供給契約」や「製造委託契約」が締結されることがよくありますが，その内容は一定ではなく，通常，請負契約，委託契約及び売買契約の性質を合わせ持つ複合的な内容になっています。

契約不適合責任の内容や製造物責任の契約当事者間の負担は，契約書において明記されていれば，その定めに従うことになります。カスタマイズ部品の性質や契約当事者の力関係などにより，その内容はいろいろなバリエーションがありますが，民法や商法，製造物責任法の規定がベースになっていれば，一定のバランスを保つことはできていると考えられます。

契約書に上記の責任について明記されていない場合や明記されていても解釈の余地がある場合，一定の契約類型を念頭に法律の規定が適用されます。自動車用のカスタマイズ部品の場合，製作物を完成させて引き渡すことを要求されるのが一般的であるため，契約不適合の責任については，請負契約をベースに考えることが妥当な局面が多いと思われます。

カスタマイズ部品の製作物の品質等に契約不適合がある場合，注文者は請負人（受注者）に対し，①報酬減額請求権（民法563条，559条），②修補請求権（民法562条，559条），③損害賠償請求権（民法564条，415条，559条），④解除権（民法541条，542条）を有します。もっとも，注文者が提供した材料の性質や注文者が与えた指示により契約不適合がもたらされたような場合は，注文者は，上記①から④を行使することはできません（民法636条）。

注意したいのは，受注するサプライヤーの方がより専門的な知見を有している場合です。自動車部品の製作の場合，両当事者が十分な知見を備えていることも多いと思われますが，受注者の方が豊富な知見を有している場合は，注文者の要求が不適切であったり，危険であったりするようなとき，自ら進んでそれを指摘し，「知りながら告げなかった」と後から非難されないようにしなければなりません（受注者が注文者の材料又は指図が不適当であることを知りながら告げなかったときは，注文者はなお，上記①から④を行使できることになります（民法636条但書）。）。

また，製造物責任法上も，他の製造物の部品として使用され，専ら他の製造物の製造業者の設計に関する指示に従ったことにより部品に欠陥が生じた場合，製造業者は免責されることがありますが，その欠陥が生じたことについて製造業者の無過失性が要求されています（製造物責任法４条２号）[注]。１次サプライヤーの設計指示に従ったというだけでなく，過失がなかったといえるようにしておくことが大切です。

たとえば，議事録を作成したり，危険性や不適切であることを指摘したことや，注文者の強い希望で材料や仕様が採用されたことを仕様書等にも記載したりし，経過がわかるようにしておくことは大切です。また，指摘した部分に不具合が発生したときに責任を負わないことを明確にしておくことは非常に有効といえます。

---

**注**　土庫澄子『逐条講義　製造物責任法―基本的考え方と裁判例〔第２版〕』284頁（勁草書房，2018）参照

## 3　費用負担

当初からカスタマイズを前提としている場合は，その費用を代金額の中に織り込んで受注していると思われますが，仕様変更により途中でカスタマイズせざるを得ない場合は，追加の開発費用や設備投資にかかる費用をいずれが負担するかについて当事者間で十分協議し，明確にしておく必要があります（仕様の確定・変更については3.3を参照）。費用の協議を先送りするとトラブルになることも考えられますので，仕様変更の内容と費用は，一緒に決めておくのが望ましいです。

# 3.8 補給用部品

**Q** 量産品の生産が終了していても，1次サプライヤーから補給用部品を長期間要求され，大きな負担となっています。補給用部品の供給義務はどのようにして決まるのでしょうか。明示の合意なく，補給用部品の生産を中止したり，余剰在庫を廃棄したりすると，当社は損害賠償を請求されてしまうのでしょうか。

**A** 補給用部品の供給義務について，当事者間で具体的な定めがない場合があります。この場合，供給義務はないということがスタートにはなりますが，実際の取引の経緯や業界の商慣習などから契約当事者の合理的意思を解釈し，契約内容が補充されることがあります。自動車業界において補給用部品の供給が不要であることは通常考えられません。よって，その特性上，量産品の生産終了から一定期間，供給義務があると認定される可能性があると考えます。

補給用部品の供給義務を負う期間については，結局は完成車メーカーと1次サプライヤーとの合意内容に準ずることになりますが，乗用車の平均使用年数が約14年であることからしても，その年数より極端に短いと認定される可能性は低いと考えます。供給義務を負う期間内に自らの判断で供給を中止したり，補給用部品の在庫，金型や製造設備を廃棄したりすると，供給義務の履行請求や損害賠償請求を受けるリスクがありますので，これらについては，1次サプライヤーと十分協議したうえで，実施する必要があります。

[解説]

## 1　補給用部品とは

量産した部品（以下「量産品」といいます。）は，最終的には，完成車メーカーに納品され，自動車に組み付けられます。そして，その部品を使用した完成車自体の生産終了に伴い，量産品の生産も終了します（それ以外でも，部品の改良などにより量産品の生産を終了する場合もあります。）。しかし，量産品の生産が終了した場合でも，すでに市中にある自動車はその後も長期にわたり利用されます。そのため，経年による修理等のための部品は引き続き必要となります。このように修理が必要となった際に使用する部品は，量産品と区別され，「補給用部品」といわれます。補給用部品は通常，極めて長期にわたり供給を求められます。

ユーザーにとっては，何年経過しても自分の車の部品を供給してもらえるのが理想だと思われます。しかし，部品を生産するサプライヤーの立場からすると，十数年に１回程度しかオーダーのない部品を作るために専用の設備や金型を常時保管し，材料やその部品の調達ルートを確保しておかなければならないことになると，かなりの負担になります。また，部品のオーダー数が極端に少ないと調達コストが高額になりがちですが，それを価格に転嫁することは容易ではなく，販売するだけ赤字になるということも少なくありません。

## 2　補給用部品の供給義務とその期間

補給用部品の供給義務とその期間は，まず完成車メーカーと１次サプライヤーとの契約で決まり，完成車メーカーとの取引基本契約書や仕様書，発注に関する書面等において，「20年」など，明確に期間が決められている場合もあるようです。しかし，契約書面上，明らかでない場合も少なくないようです[1]。

完成車メーカーとの直接契約がない２次サプライヤー以下の部品サプライヤーの部品は，最終的に１次サプライヤーが完成車メーカーに供給する部品の中に組み込まれており，結局は，１次サプライヤーが供給義務を負う期間と同一期間，供給義務を負わざるを得ないことになります。サプライヤー間の契約の中で，明確に供給義務とその期間が取り決められている場合もあると思われますが，完成車メーカーや上流のサプライヤーの意図に反した期間の合意は困難であり，実際には曖昧なままになっていることが多いようです。

## 3　補給用部品の供給義務についての記載が契約書面にない場合

サプライヤー間の契約書面に補給用部品の供給義務やその期間について記載がない場合，納入元の部品メーカーは補給用部品を供給しなくてよいのでしょうか。

たとえば，完全に製造廃止にするため，今後部品を供給しなくてもよい旨の通知があれば生産を終了させることができます。また，部品の供給を終了する場合，補給用部品としての流動がほとんど予想されず，部品を長期間保存しても品質に影響がないときには，部品サプライヤー側から一括生産の申請（永年申請や，永年一括申請などと呼ばれることもあります。）を受け付け，受理した場合は供給義務が終了するというルールを設けている場合もあります。もっとも，錆や塗布してある油脂類が固着したり漏れたりするような金属製品や，経年劣化するゴム製品を一括生産して長期保管しておくことはできません。

たしかに，契約書面に明記されていない以上，明確な合意はなく，補給用部品の供給義務はないというところがスタートになりそうです。しかし，契約書面に明記されていない場合であっても，実際の取引の経緯や業界の商慣習など

1　この点，たとえば，有力完成車メーカーであるトヨタ自動車株式会社のHP「クルマの部品はいつまで供給されるの？」（https://faq.toyota.jp/faq/show/210?back=front%2Fcategory%3Asearch&category_id=1&commit=&form_type=advanced_search&keyword=%E3%82%AF%E3%83%AB%E3%83%9E%E3%81%AE%E9%83%A8%E5%93%81%E3%81%AF&page=1&search_category_narrow_down=1&site_domain=default&site_id=1&sort=sort_keyword&sort_order=desc）では，「クルマの部品はいつまで供給されるの？」という質問に対し，「出来るかぎり長く部品を供給できるように努めておりますが，何年間供給というのは一律に決まっていません。あくまで目安になりますが，工場装着の部品であればクルマの生産終了から約10年間となります。ただし，部品によってはそれより短いものもあります。また，販売店装着オプションの部品につきましては，クルマの生産終了後は部品の製造を打ち切りますのでトヨタの販売店での在庫のみとなります。」との回答が掲載されています。

から契約当事者の合理的意思を解釈し，契約内容が補充されることがあります（商法１条２項）。

自動車の場合，長期間にわたり市場に出回るという製品の特性上，補給用部品が不要な場合はまず考えられません。部品サプライヤーが一定期間，補給用部品の供給義務を負うことは，業界の慣習になっているといえる状況にあるため，契約書面に定めていない場合でも，供給義務があると認定される可能性があると考えます。

## 4　補給用部品の供給義務の終期

上記のとおり，部品サプライヤーが補給用部品の供給義務を負うとしても，無期限というわけではないはずです。相当期間に限定されると考えますが，この場合も業界の商慣習や当事者の合理的意思を解釈して期間が認定されることになるでしょう。

一概にはいえませんが，乗用車の平均使用年数は13.84年[2]ですので，その年数より極端に短い期間と認定される可能性は低いと予想されます。

## 5　補給用部品の取扱い

上記のとおり，自動車業界の慣習を前提とすると，補給用部品について部品サプライヤーの判断で供給を中止したり，保管している補給用部品や金型を廃棄したりすることはリスクが伴うといわざるを得ません（再度製作する義務，供給先に発生した損害について賠償責任を負うことが考えられます。）。そのため，完成車メーカーの了承を得て実施するのが安心といえます。

この点，補給用部品ではなく，代替品で対応する選択肢もないわけではありませんが，自動車の安全性能に直接関わるため，いつでも当初と同じ補給用部品を作ることができるよう，設備や金型を半永久的に維持し続けている部品サ

2　一般財団法人自動車検査登録情報協会「車種別の平均使用年数推移表」令和４年（2022年）１頁
https://airia.or.jp/publish/file/r5c6pv0000010qs2-att/03_shiyounensuu.pdf

プライヤーも多いようです。部品サプライヤーにとって極めて負担が重い状況です。

そのため，中小企業保護の観点から，国や経済産業省も補給用部品の供給問題を重要視しており，金型の保管及び契約について「自動車産業適正取引ガイドライン」[3]を定め，サプライヤーの負担が軽くなるよう活動を進めています。

### (1) 補給用部品の製造委託契約

自動車産業適正取引ガイドラインでは，「量産の終了した補給品の製造委託契約を結ぶ場合には，原材料費及び型製造費等について量産時とは異なる条件を加味しながら，委託事業者と受託事業者が十分に協議を行い，合理的な製品単価を設定することが望ましい。この場合，量産終了後，速やかに補給品供給期間，価格改定の協議が行えるよう，委託事業者が生産状況を明確に伝えることが重要である。また，こうした望ましい取引を実践するためにも，量産時における当初の契約の際に，補給品供給期間，量産終了後の価格決定方法等について，あらかじめ具体的な内容について合意を取り交わしておくことが望ましい」[4]とされています。

また，「部品の共通化等に伴い，量産品と補給品の区別が難しく，単価見直しの協議が行われない場合があることも想定されるが，見積りにおける納入見込み数と発注数量が乖離する際には，見積時の条件変化による価格の見直しを進めることも必要である」[5]と述べています。

この点，完成車メーカーは，生産量が極端に少なくなった場合などに，協議のうえ，価格改定を実施しているという例もあるようです。サプライヤー間においてもこれにならい，契約内容を確認し，「望ましい取引慣行」[6]が行われるように働きかけることも有効と考えられます。

---

3 経済産業省「自動車産業適正取引ガイドライン」（令和４年９月最終改訂）
4 経済産業省・前掲注３）15頁
5 経済産業省・前掲注３）15頁
6 経済産業省・前掲注３）15頁

### ⑵ 型取引の適正化

自動車産業適正取引ガイドラインでは，「型の所有者が委託事業者である場合と受託事業者である場合のいずれの場合にしても，量産後の補給品の供給等に備えて委託事業者が受託事業者に対し，型の保管を要請することがある。下請法の適用対象となる取引を行う場合には，委託事業者（親事業者）が長期にわたり使用されない補給品の型を受託事業者（下請事業者）に無償で保管させたり，発注内容に含まれていないにも関わらず，型の図面の無償提供を要請したりすることは，下請法第４条第２項第３号の不当な経済上の利益の提供要請に該当し，下請法違反になるおそれがある。また，型のみを納品する取引から，型に加えて受託事業者のノウハウが含まれる型設計図面等の技術資料を納品する取引に変更したにも関わらず，代金の見直しをせず，従来通りの型のみを納品する取引の代金に据え置くことは，下請法第４条第１項第５項（原文ママ）の買いたたきに該当し，下請法違反になるおそれがある。」[7]と述べています。

この点，１次サプライヤーが２次サプライヤー以降の有する金型を保管するというケースもあるようです。また，完成車メーカーでは，補給用部品の品番点数が少なくなるように類似の品番の統合や，金型や設備を必要としない３Ｄプリンタを活用した少量生産も検討されています。

なお，金型については，近時，経済産業省が「型取引の適正化推進協議会報告書」[8]，「明日から使える型管理適正化マニュアル」[9]等の資料を公開するなどして，廃棄ルールを含む型の取引の適正化を促しています。たとえば，「量産終了から遅くとも，15年を経過した製品に係る型については，廃棄を前提に当事者間で協議を行う」[10]など，一定の目安が示され，今後業界全体として，型の廃棄等が加速化することが期待されています。

具体例や覚書の例等，詳細については，5.1，経済産業省HPに公開されてい

7　経済産業省・前掲注３）19頁
8　型取引の適正化推進協議会「型取引の適正化推進協議会報告書」（令和元年12月）
9　経済産業省主催　型管理適正化シンポジウム　配布予定資料「明日から使える型管理適正化マニュアル」（2020年３月４日）
10　型取引の適正化推進協議会・前掲注８）14頁

る「型管理適正化に関する資料」[11]等をご参照ください。

## 6　下請法が適用される取引の場合

補給用部品は，量産品より少量で，高額となるのが通常です。単価を見直さず，一方的に量産時と同じ単価での取引を下請事業者に求める場合には，上記のとおり，買いたたき（下請法４条１項５号）に該当する可能性があります。また，上記５⑵についても注意が必要です。

11　経済産業省HP「型管理適正化に関する資料」

# 3.9 リベート

**Q** 当社は，自動車の販売ディーラーに対して，報奨金の趣旨で一定の割合でリベートを付与しています。リベートの付与にはどのような法的規制があるのでしょうか。許されないリベートがあれば，教えてください。

**A** 「流通・取引慣行に関する独占禁止法上の指針」では，①取引先事業者の事業活動に対する制限の手段としてのリベート，②競争品の取扱制限としての機能を持つリベート，③帳合取引の義務付けとなるようなリベートの供与を，独占禁止法上問題となるリベートの支払いとして掲げています。

また，役員や従業員が，個人的にリベートを受け取っていた場合，背任罪や特別背任罪の適用が考えられます。

[解説]

## 1　完成車メーカー・ディーラー間におけるリベート取引

完成車メーカーは，主に自社の車両の登録台数（販売台数）の増加を促進することを目的として，さまざまな名目でのリベートを付与していることがあります。

公正取引委員会が平成４年３月以降，乗用車を対象として，主として完成車メーカーとディーラーとの間の取引実態を調査し，平成５年６月に公表した調査結果[1]によれば，目標台数達成や市場占拠率拡大等を条件としたリベートの付与がなされていることが報告されています。

## 2　独占禁止法上問題となるリベートの類型

「流通・取引慣行に関する独占禁止法上の指針」（以下「流通・取引慣行ガイドライン」といいます。）[2]では，①取引先事業者の事業活動に対する制限の手段としてのリベート，②競争品の取扱制限としての機能を持つリベート，③帳合取引の義務付けとなるようなリベートの供与を，独占禁止法上問題となるリベートの支払いとして掲げています。

### (1)　取引先事業者の事業活動に対する制限の手段としてのリベート（類型①）

取引先事業者がメーカーの示した価格で販売しない場合にリベートを削減する，特定の地域のみの販売をリベートの条件とする等，リベートを手段として，取引先事業者の販売価格，競争品の取扱い，販売地域，取引先等について制限が行われる場合，流通・取引慣行ガイドライン第１部の第１及び第２記載の考え方に従って違法性の有無が判断されます（独占禁止法２条９項４号（再販売価

1　公正取引委員会事務局「自動車部品の取引に関する実態調査」（平成５年６月）
2　公正取引委員会事務局「流通・取引慣行に関する独占禁止法上の指針」（改正平成29年６月16日）

格の拘束），昭和57年6月18日公正取引委員会告示第15号（以下「一般指定」といいます。）11項（排他条件付取引）又は12項（拘束条件付取引））。すなわち，流通業者たる取引先事業者の販売価格を拘束する場合には，原則として不公正な取引方法として違法であり，取引先事業者の取扱商品，販売地域，取引等を制限する場合は，その制限の行為類型及び個別具体的なケースごとに市場の競争に与える影響をみて，違法か否かが判断されます。

また，取引先事業者の販売価格や競争品の取扱いの有無等によってリベートを差別的に供与する行為は，「不当に，ある事業者に対し取引の条件又は実施について有利な又は不利な取扱いをすること」に該当し，違法になりえます（一般指定4項（取引条件等の差別取扱い））。

### (2) 競争品の取扱制限としての機能を持つリベート（類型②）

#### ア　占有率リベート

メーカーが，取引先事業者の一定期間における取引額全体に占める自社商品の取引額の割合や，取引先事業者の店舗に展示されている商品全体に占める自社商品の展示の割合（占有率）に応じて支払われるリベート（以下「占有率リベート」といいます。）の供与が，競争品の取扱制限としての機能を持つ場合，独占禁止法に抵触しうることになります。

この占有率リベートの違法性については，流通・取引慣行ガイドライン第1部の第2の2(1)（取引先事業者に対する自己の競争者との取引や競争品の取扱いに関する制限）記載の考え方に従って，その有無が判断されます。すなわち，市場における有力な事業者による占有率リベートの付与が，取引先事業者に対して自社の商品と競争関係にある商品の取扱いを制限することとなり，市場閉鎖効果を生じさせる場合は，不公正な取引方法に該当し，違法となります（一般指定4項，11項又は12項）。そして，「市場閉鎖効果を生じさせる場合」に該当するかについては，流通・取引慣行ガイドライン第1部の3(1)及び(2)アの考え方に基づき判断されます。すなわち，①ブランド間競争の状況，②ブランド内競争の状況，③占有率リベートを付与する事業者の市場における地位，④占有率リベートが取引先事業者に及ぼす影響，⑤占有率リベートが付与される取引先事業者の数及び市場における地位を総合的に考慮して判断することになります。

#### イ　著しく累進的なリベート

累進的なリベート（具体例：一定期間の取引先事業者の仕入高にランクを設け，ランク別に累進的な割合によって算出されるリベートを付与する場合）における累進度が著しく高い場合，当該メーカーの商品を，他社の商品よりも優先的に取り扱わせる機能を持ちます。

著しく累進的なリベートの付与が，競争品の取扱制限としての機能を持つ場合は，流通・取引慣行ガイドライン第１部の第２の２⑴の考え方に従って違法性の有無が判断されます。すなわち，市場における有力な事業者が累進的なリベートを付与することで，取引先事業者の競争品の取扱いを制限することとなり，その結果市場閉鎖効果が生じる場合，不公正な取引方法として違法になります（一般指定４項，11項又は12項）。この「市場閉鎖効果を生じさせる場合」に該当するかについては，占有率リベートと同様に，流通・取引慣行ガイドライン第１部の３⑴及び⑵アの考え方に基づき判断されます。

### ⑶　帳合取引の義務付けとなるようなリベートを供与する場合（類型③）

メーカーは，卸売業者から小売業者に自社商品が販売される場合，小売業者に対して，小売業者の特定の卸売業者からの仕入高に応じて，販売促進等の目的でリベートを付与することがあります。

このような，間接の取引先である小売業者へのリベートの供与により，帳合取引の義務付けとしての機能を持つことになる場合，流通・取引慣行ガイドライン第１部の第２の４⑵（帳合取引の義務付け）の考え方に従って違法性の有無が判断されます。すなわち，帳合取引の義務付けとしての機能を持つリベートの供与により，価格維持効果が生じる場合（卸売業者間の競争が妨げられ，リベート供与額の計算の基礎となる価格を卸売業者がその意思である程度自由に左右し，商品の価格を維持し又は引き上げることができるような状態をもたらすおそれが生じる場合）には，不公正な取引方法として違法になります（一般指定４項又は12項）。

**【図表】流通・取引慣行ガイドラインにおける独占禁止法上問題となるリベート**

| 類型 | リベートの内容 | 条文等 | 違法性の考え方（ガイドライン） |
|---|---|---|---|
| ① | リベートを手段として，取引先事業者の販売価格，競争品の取扱い，販売地域，取引先等について制限 | 独占禁止法２条９項４号，一般指定11項又は12項 | 第１部<br>第１及び第２ |
| | 取引先事業者の販売価格や競争品の取扱いの有無等によってリベートを差別的に供与する行為 | 一般指定４項 | 第１部<br>第１及び第２ |
| ② | 占有率リベート供与 | 一般指定４項，11項又は12項 | 第１部<br>第２の２(1) |
| | 著しく累進的なリベート供与 | 一般指定４項，11項又は12項 | 第１部<br>第２の２(1) |
| ③ | 帳合取引の義務付けとなるようなリベート供与 | 一般指定４項又は12項 | 第１部<br>第２の４(2) |

なお，リベートの支払いの基準が明確ではなく，メーカーの裁量で支払いの有無及び金額が決定される実態となっている場合は注意が必要です。このような場合において，支払われていたリベートの金額が大きく，リベートが支払われないことが取引先事業者の事業運営に与える影響が大きい等の事情が認められると，事業活動に対する制限につながるものと評価されるリスクが高まります。そのため，リベートを支払う場合は，リベートの支払基準を明確に合意しておくことが望ましいといえます。

## 3　刑事罰の適用場面

リベートを役員や従業員個人が受け取っていた場合，その個人について背任罪（刑法247条）や特別背任罪（会社法960条）の適用が考えられます。具体的には，取引先事業者の役員又は従業員個人が，メーカーからの購入価格にリベート分を上乗せし，その後リベートを個人的に取得する場合が典型例です。

このような不正なリベート授受の事実を把握した場合，リベートの付与により損害を被っている企業は，事実調査を実施のうえ，そのリベートを授受した役員・従業員に対して，刑事告訴，発生した損害についての損害賠償請求，懲戒処分等の法的対応を検討することになります。

# 3.10 不可抗力

**Q** 製品の納入が予定に間に合わず取引先の生産計画が遅延したということで賠償を求められています。取引先との契約では，「当事者は本契約に基づく自己の義務の一部又は全部の不履行又は履行遅滞が，天災地変，暴動，戦争，テロ行為，法令の制定若しくは改廃，又は公権力による命令若しくは処分等の不可抗力によるものである場合には，相手方に生じた損害を賠償する責任を負わない。」という不可抗力条項があります。製品の納入ができない事情が次の事情によるものであっても，当社は賠償責任を負うのでしょうか。

① 天災で当社工場が被災した場合
② 当社工場でストライキが起きた場合
③ 仕入業者側の事情で原材料の調達が遅れた場合
④ 感染症に罹患した従業員が複数生じたため工場の稼働を停止した場合

**A** ① 天災自体は不可抗力ですが，債務不履行における債務者の帰責性が否定されるかどうかは，天災の内容，程度，発生に関する予見可能性，被害の直接性，被害予防策の実施，代替手段の確保可能性等の諸事情を考慮し，個別に判断されることになります。

② ストライキは一般的には不可抗力には該当しません。対応が必要な場合には契約条項に明記する必要があります。

③ 仕入業者の選定を取引先が指示していたなどの事情がない限り，仕入業者側の事情が不可抗力に該当することはないと考えられます。

④　感染症患者が複数生じたことだけで債務不履行における債務者の帰責性が否定されるものではないと考えられます。不測のトラブルが生じた場合に通常求められる措置（人員のやりくり，納期までの時間的余裕の確保，在庫状況，代替地での製造可否の検討等）をとっていた場合であってもなお納品することができないときに，初めて帰責性がないと判断されるものと考えられます。

[解説]

## 1　債務不履行による損害賠償

契約に定められた債務の履行がない場合，債務者は，その不履行（遅滞，履行不能，不完全履行）について帰責性があれば，債権者に対して，債務不履行を理由とした損害賠償義務（民法415条）を負います。

帰責性は，債務不履行に関して債務者に故意，過失又は信義則上これと同視される事由があった場合に認められるとされていますが，通常の取引契約においては，多くの場合で，債務者に帰責性が認められるものと思われます。

他方で，債務不履行の原因が，債権者や第三者にある場合や，不可抗力である場合には，債務者には帰責性がないとされることが多くなります。

## 2　具体的検討

本件では，売主又は請負人（以下あわせて「売主等」といいます。）は，取引契約に定められた製品を期限までに納入できていないので，その遅滞について帰責性が認められる場合には，買主又は注文者（以下あわせて「買主等」といいます。）に対し，債務不履行（履行遅滞等）を理由とした損害賠償をしなければならないことになります。

本件の履行遅滞の理由としては①から④が挙げられていますので，以下，各ケースについて検討します。

### ⑴ ①の場合

#### ア 基本的な考え方

「不可抗力」とは，外部からくる事実であって，取引上要求できる注意や予防方法を講じても防止できないものをいうとされています[1]。

地震や台風のような天災そのものは防ぎようのないものであり，当然ながら不可抗力に当たります。

もっとも，天災自体は不可抗力であるとしても，天災の影響によるすべての事由が，債務不履行責任にいう債務者の帰責性を否定するものになるわけではありません。債務者の帰責性が否定されるかどうかは，天災の内容，程度，発生に関する予見可能性，被害の直接性，被害予防策の実施，代替手段の確保可能性等の諸事情を考慮し，個別に判断されることになります[2]。

たとえば，製造請負の場合で納期に合わせて完成していた製品について，納期直前の大地震によって損壊した場合などは，（製品の保管方法が問題になる余地はありますが）請負人の帰責性は否定される可能性が高いと考えられます[3,4]。他方，大型台風による浸水が予想される状況下で特段の対応をとらず完成していた製品を水没させ納期に間に合わなくなってしまった場合などには，請負人の帰責性は肯定される可能性が高いと考えられます[5]。

本件の①の場合にも，天災（不可抗力）により工場が被災したというだけで

1　我妻榮・有泉亨・清水誠・田山輝明『我妻・有泉コンメンタール民法―総則・物権・債権［第８版］』826頁（日本評論社，2022）

2　参考として，荒井正児「震災と契約法務」ジュリスト1497号45頁（2016）

3　東京地判平成28年４月７日判例集未登載（平成24年（ワ）31585号）。建築請負人が，東日本大震災の影響による生コンの出荷停止を理由として工期延長請求をしたことについて，生コン出荷停止は不可抗力であり，これを理由とした工期延長請求には正当な理由があるとしました。

4　名古屋地判平成15年１月22日裁判所HP参照（平成13年（ワ）369号）。修理のため預かっていた（修理請負）自動車が東海豪雨による浸水で水没した事案について，修理業者には浸水被害や水没の予見可能性及び水没被害回避可能性がなく，引渡債務不履行に過失がないとしました。

5　神戸地判令和３年６月22日判例集未登載（平成31年（ワ）183号）。修理のため預かっていた（商事寄託）自動車が大型台風による浸水で水没した事案について，保管車両の浸水被害を想定してその対応をすることができたのに何らの措置もしていないとして不可抗力を否定し，保管業者の善管注意義務違反を認めました。

ただちに売主等の帰責性がなくなるわけではなく，上記の事情も検討し，その有無を判断することになります。

#### イ　対応策

上記のとおり，天災を理由とする債務不履行であっても常に不可抗力として免責になるわけではありません。

この点，取引当事者間において，天災によるリスク分担を明確にするのであれば，取引基本契約書の免責条項において，免責となる事由を単に「天災」と記載するだけでなく，「台風，地震等の天災による電力供給不足」のように，より具体的に記載し，双方の認識をすりあわせることが考えられます。

### ⑵　②の場合

#### ア　基本的な考え方

ストライキは，労働者の権利に基づくものであり，会社（使用者）の都合でコントロールできるものではありません。しかし，労使問題である以上，基本的には会社（売主等）内で解決されるべき問題であり，取引先（買主等）にリスクを分担させるような事情にはなりません。

そのため，売主等で発生したストライキは，一般的には，不可抗力には該当せず，本件の②の場合にも，ストライキを理由として売主等が債務不履行に基づく損害賠償義務を免れることはできないと考えられます。

#### イ　対応策

ストライキが一般的には不可抗力とはいえないとしても，当事者間の取引基本契約において，ストライキを債務不履行の免責事由として明記すれば，その約定は有効なものとなります。

そのため，売主等において，ストライキによる債務不履行を懸念する状況にあるときは，必要に応じて，取引基本契約の条項の修正によって対応することになります。

## (3) ③の場合

### ア 基本的な考え方

製品又は製造のための原材料の調達ルート（仕入業者）の選定は，通常，売主等において行われます。売主等は，調達ルートについて，品質，価格，納期等とともに，供給の安定性（継続性）も考慮要素として選定することになります。また，不測の事態（災害や倒産等）が発生した場合に備えて，調達ルートを複数持つことも多いものと思われます。

そうすると，買主等から指定されたなどの事情がない場合には，基本的に調達ルートに関する責任は，売主等が負うことが相当であり，仕入業者側の事情で原材料の調達が遅れた場合であっても，製品の納入が遅れれば，売主等には帰責性が認められ，売主等は損害賠償責任を負うことになると考えられます。

### イ 対応策

②の場合と同様に，当事者間の取引基本契約において，売主等の調達に関する事情を免責事由として規定することは可能です。

特に，調達製品等が特殊であり安定供給に不安があっても採用しなければならない場合などには，売主等においては，この条項の規定を希望しリスク回避に努める必要があります。

## (4) ④の場合

2020年初頭より世界的にCOVID-19の流行が続き，メーカーの国内工場でも従業員が罹患したことにより一時的に稼働を停止する，という事態が起こりました。

従業員の感染症罹患について，それ自体は不可抗力であると考えられます[6]。

もっとも，複数の従業員が感染症で欠勤することにより，工場が稼働できな

6 職場内感染について，会社は，従業員との関係では，就労環境（対策の実施状況）次第で安全配慮義務違反に問われる可能性はありますが，ここでは，感染症の罹患を完全に制御することはできないという趣旨で不可抗力と位置付けます。

くなった場合，それにより生じた納品の遅れ（債務不履行）がすべて不可抗力により免責される（帰責性がないと判断される）とは限りません。

この場合においても，社会状況[7]だけでなく，稼働停止の必要性，停止期間，停止範囲，対象製品の製造等との関連性等の諸事情を踏まえたうえで，（感染症に限らず）不測のトラブルが生じた場合に通常求められる措置（人員のやりくり，納期までの時間的余裕の確保，在庫状況，代替地での製造可否の検討等）をとっていた場合であってもなお納品することができないときに，初めて帰責性がないと判断されるものと考えられます。

7　社会における感染症の流行状況，対応状況，新型インフルエンザ等対策特別措置法に基づく緊急事態宣言等の発令状況等

# 3.11 納品先の信用不安

**Q** 当社が継続的に製品を納入している取引先から，当月分の支払いを猶予してほしいとの依頼がありました。経営状況が芳しくないという情報も入っていますが，どのような対応をしておくべきでしょうか。仮に，納品先が倒産した場合，債権回収のために，どのような対応ができますか。

**A** 納品先からの仕入条件の緩和の依頼は，信用不安の兆候の典型例です。納品先は運転資金が不足している状況にあることが予想され，既存債権の保全・回収を検討する必要があります。

納品先に信用不安の兆候が見られた場合，取引書類の有無や債権額等の本契約の内容を確認し，交渉方針を定める必要があります。契約書を作成している場合，期限の利益喪失事由，解除事由に該当するかを確認しなければいけません。

そして，納品先との間では，既存債権の早期弁済，今後の取引の継続条件についての交渉を行います。前者については，代物弁済や相殺が，後者については，新たな担保提供や連帯保証人を要請することが考えられます。なお，早期弁済や担保提供を受ける場合には，否認のリスクがあることにも留意が必要です。

倒産時の債権回収は，原則として，所定の期間内に債権届出書を提出し，債権額に応じた配当を受けることで実現します。他方，相殺や別除権による優先回収も可能ですので，これらの方法による権利行使を検討することになります。

[解説]

## 1　納品先の信用不安時の対応

### (1)　信用不安の兆候

設問のように，納品先から支払いの猶予の依頼を受けたという事実は，信用不安の典型的な兆候です。

「信用不安」について，客観的な定義が決まっているわけではありませんが，一般的には，納品先の支払能力について懸念が生じている状態と理解されているかと思います。支払能力に懸念が生じている納品先は，収入の著しい減少や過大な負債を負ったこと等により，運転資金が不足している状況，すなわち，弁済期の到来している債務の支払いが困難な状況に陥っています。

したがって，納品先について，以下のような情報を入手した場合には，信用不安の兆候として認識し，回収不能リスクを抑える交渉の検討が必要といえます。

#### ア　仕入の条件の緩和を依頼してきた場合

たとえば，納品先が支払サイトの延長を依頼してきた場合，自社以外の買掛金や金融機関からの借入金の支払いが苦しくなっていることが予想されます。

#### イ　従前よりも安価で商品を販売している場合

目先の運転資金の確保のために，利益を考えずに廉価で商品を売却している可能性があります。その場合，一時的には資金繰りが維持できたとしても，近い時期に資金繰りを圧迫することになりますので，より資金繰りに窮することが予想されます。

#### ウ　役員や従業員の退任・退職が続いている場合

納品先内部において紛争が生じていることが予想されます。また，重要な人材が失われることで，事業運営がままならなくなり，資金繰りに影響を与えることが考えられます。

### (2) 本契約の確認

納品先に信用不安が生じた場合，早期に債権回収をすることが望ましい対応です。もっとも，約定の弁済期が到来していない場合，期限の利益の喪失条項により期限の利益が失われていない限り，法的に支払いを請求することはできません。

そのため，信用不安の兆候が見られた場合，まずは取引契約の内容を確認し，納品先との交渉の方針を検討することが重要です。

具体的には，契約書等の取引書類の有無，債権額，担保・保証の有無，支払条件，商品の出荷状況等を確認することになります。また，契約書を作成している場合には，期限の利益の喪失条項及び解除事由の内容を確認する必要があります。

また，信用不安が生じている納品先の状況によっては，契約を解除して，商品の引上げ等の対応をすることが考えられます。その場合，信用不安をもって当然に契約を解除できるわけではなく，契約書の解除事由の規定に基づき解除することになります。

### (3) 回収不能リスクを抑える交渉

#### ア 既存債権の早期回収に向けた交渉

まずは，納品先に資金繰りの状況を確認し，既存の債権について約定どおりに弁済する確実な見込みがあるかを確認します。また，期限の利益喪失事由に該当する事実が認められる場合には，期限の利益の喪失を主張して，既存債権の早期回収を求めることになります。

納品先の状況によっては，代物弁済として，納品先から金銭以外の財産（商品や有価証券等）を受け取ることや，納品先に対して有している既存債権と納品先に対して負っている買掛金等の負債とを対当額で相殺（民法505条以下）することにより，既存債権の早期回収を図ることになります。

なお，信用不安の兆候が見られる納品先に対する債権の早期弁済を受けたり，下記イのとおり担保権の設定を受けた場合，その後に納品先が法的倒産手続（破産，民事再生等）に至った際，その効力について否定される（これを「否認」といいます。）リスクがあります。もっとも，否認のリスクがあるからといって，債権者としては，既存債権の保全・回収に消極的な対応をすべきではないと考えます。破産管財人（破産手続が開始するにあたり，裁判所から選任され，破産者の財産の管理処分権を有する者です。破産手続では，破産管財人が否認権を行使します。）等から否認の指摘を受けた際に，否認の要件を充足しないことについて主張ができるよう，弁済や担保設定の経緯について整理しておくことが望ましいといえます。

### イ　取引継続の条件交渉

納品先に信用不安の兆候が見られた場合，従前の取引を今後も継続するかについて検討することになります。

取引継続の判断をした場合，納品先が倒産した場合に備えて，債権未回収のリスクを抑える契約変更についての条件交渉を行うべきです。

債権未回収のリスクを抑えるためには，売掛金を発生させない，発生させるとしても債権回収までの期間を短くすることが効果的です。そのため，納品先に対しては，まずは商品出荷前の前払いを求め，それが難しい場合には，代金の一部前金，残額の支払期間の短縮（たとえば，１カ月を２週間に短縮）を交渉することが考えられます。

また，債権未回収リスクを抑えるために，新規又は追加の担保提供を取引継続の条件として交渉することも考えられます。信用不安を起こしている納品先には，担保権の設定されていない不動産等の優良資産はすでにないことが予想されますが，その場合でも，機械設備や在庫商品への動産譲渡担保権の設定，納品先の売掛金に対する債権譲渡担保権の設定が考えられます。さらに，代金完済まで商品の所有権を留保する所有権留保条項の設定，担保金の提供，納品先の代表者に連帯保証人になってもらうことも，債権未回収リスクを抑えるのに有効な措置といえます。

なお，2020年施行の改正民法では，根保証に極度額の定めがない場合，保証が無効になるとされました（民法465条の２）。そのため，納品先が自社に対して現在負担する債務だけでなく，将来負担する代金債務その他の一切の債務についても納品先の代表者に保証させる場合には，極度額を定めなければいけません。

### ⑷　取引相手との関係性によるジレンマ

メーカー取引の場合には，取引相手との付き合いも長いことから，上記のような各方策をとることには，躊躇を覚えるかもしれません。特に，自社が債権保全を厳しくすることで，納品先の信用状況が悪化していることが他の取引先にも知られた場合には，倒産への引き金を引く契機となる可能性があります。また，もし納品先の信用状況が改善した場合には，それまでの自社の措置に対する反発もありうるところです。

このようなジレンマを踏まえたうえで，まずは，納品先の信用状況を継続的に注視し，できる限り情報を集めることが重要であると考えます。そして，得られた情報をもとに，信用不安の程度や納品先の事業継続への影響を考慮した方策を提案することで，債権回収の最大化を実現できると考えます。

## 2　納品先倒産時の債権回収

### ⑴　倒産の種類

納品先が倒産したという情報を耳にした場合は，法的にどのような倒産手続の状況にあるかを「正確に」把握することが重要です。この点の把握が正確でないと，次にどのようなことが起こるかが正確に予想できないからです。

倒産手続には，裁判所外の手続である「私的整理」と，裁判所を利用した手続である「法的整理」とがあります。

私的整理は，金融機関等の一定の大口債権者との間で，事業の継続に向けて秘密裏に交渉を行う手続です。私的整理の場合，原材料調達や商品販売等の通常の事業運営に支障を起こさないように，原則として取引先に対する債務は全額支払うことを前提に事業再生計画を作成します。もっとも，債権者との交渉がうまくいかずに法的整理に移行する可能性もありますので，楽観視することはできません。

次に，法的整理は，事業の再建を目的とした再生手続と，清算を目的とした清算手続に分けられます。前者の代表例が民事再生手続[1]（民事再生法），後者の代表例が破産手続（破産法）になります。いずれの手続も裁判所が関与する手続のため，納品先が法的整理を開始したという情報は公になります。

民事再生等の再建型の手続については，債権者説明会という形で取引先への情報提供の機会が設定されることが通常ですので，積極的に参加し，情報（事業再建の方針，スポンサーの有無，今後の資金繰りの見通し等）を収集し，対応を検討することが重要です。

他方，破産手続については，破産手続開始前後で債権者説明会が実施されることは少なく，自ら納品先や破産管財人に連絡をとり，以下の債権回収方法についての対応を検討・実施する必要があります。

### (2) 法的倒産時の債権回収方法

#### ア　原則－債権届出書の提出・配当

法的整理のうち，民事再生手続は，債権者（民事再生手続では，「再生債権者」といいます。）の多数の同意を得て，かつ，裁判所の認可を受けた再生計画に基づき，納品先の事業の再生を図る手続です。再生債権者は，破産になった場合よりも多額の債権の回収が見込まれる場合に再生計画に同意することになります。民事再生手続では，再生計画に基づく配当の受領により債権回収を図ることが原則です。再生債権者は，配当を受けるために，裁判所の定める期間内に，債権の内容及び金額を記載した債権届出書を裁判所に提出することになります。

他方，破産手続は，破産手続を行った破産者の財産をすべて換価し，換価代

1　なお，会社の規模が大きい場合には，会社更生手続となる場合もありますが，会社更生法が使われる場合は限定的ですので，以下では民事再生手続を主眼に解説します。

金を債権者（破産手続では，「破産債権者」といいます。）の債権額に応じて按分で配当することを主たる内容とする手続です。破産手続においても，破産債権者は，裁判所が定める期間内に，破産者に対して有する債権の内容及び金額を記載した債権届出書を裁判所に提出することになります。

民事再生手続及び破産手続のいずれにおいても，手続が開始すると，原則として手続外で弁済を受けることができません（民事再生法85条１項，破産法100条１項）。また，民事再生手続・破産手続開始前に申立てをしていた強制執行の効力は，原則として失われてしまうので，注意が必要です（民事再生法39条１項，破産法42条１項・２項）。

### イ 相 殺

法的倒産手続を開始した納品先に対して自社が何らかの債務を負っている場合（たとえば，納品先に対して別取引に基づく買掛金債務がある場合），納品先に対して有する債権（再生債権・破産債権）を自働債権，納品先が自社に有する債権（自社の債務）を受働債権とする相殺を行うことが可能です（民事再生法92条１項，破産法67条１項）。相殺をすることで，受働債権の範囲で，再生債権・破産債権を実質的に回収することができますので，非常に有効な債権回収手段になります。

もっとも，自働債権となる再生債権・破産債権の取得時期や，受働債権となる債務の負担時期によっては，相殺が禁止されるリスクがあります（民事再生法93条１項・93条の２第１項，破産法71条１項・72条１項）。

このように信用不安の納品先との間で，相殺による保全を図ったうえで取引を継続する場合には，相殺禁止の要件に抵触するリスクを踏まえて対応することが求められます。

### ウ 別除権の行使

法的倒産手続を開始した納品先に対して担保物権（たとえば，質権や譲渡担保権）を有している場合，民事再生手続・破産手続が開始した後であっても，

「別除権」として権利行使による優先回収が可能です（民事再生法53条，破産法65条）。

また，民事再生手続においては，担保物権の設定された対象財産が納品先の事業に不可欠な場合には，納品先との間で対象財産の評価額及びその支払方法等に関する協定（「別除権協定」といいます。）を締結し，継続して使用を認める対応も行われています。

他方，破産手続においては，破産管財人が別除権の対象財産について任意売却し，売却代金から破産者の配当原資（「破産財団」といいます。）に組み入れた金額控除後の金額の弁済を受ける形で，優先弁済を図ることも考えられます（不動産の場合は，こちらの手続を試みることが一般的です。）。

なお，動産売買先取特権（民法311条５号）は，民事再生手続及び破産手続のいずれにおいても別除権として扱われますが，対象動産が第三者に引き渡された後は，対象動産に先取特権を行使することはできません。加えて，破産手続において，破産管財人が，破産債権者から先取特権を主張されている動産を任意売却したとしても，積極的に妨げる意図のもとでなされた場合を除き，不法行為の成立は否定されています[2]。そのため，法的倒産手続を開始した納品先に対して動産売買先取特権の行使の余地がある場合には，すみやかに手続を検討することが必要になります。

### エ　倒産解除条項による解除・商品の返還の可否

なお，納品先との取引基本契約に，納品先の法的倒産手続を解除事由とする条項（「倒産解除条項」といいます。）がある場合，その条項を根拠に個別の売買契約を解除し，納品した商品（納品した状態のまま保管されている未使用商品）の返還を求めることはできるでしょうか。解除が認められる場合，商品の所有権は自社に戻るので，所有権（民事再生手続・破産手続では「取戻権」といいます。民事再生法52条１項，破産法62条）に基づき返還が考えられるところです。

---

2　東京地判平成３年２月13日判時1407号83頁

しかしながら，このような倒産解除条項の有効性については，判例上，民事再生手続においては効力が否定されています[3]。他方，破産手続での有効性については，学説上争いがあるところです。もっとも，仮に解除が有効であるとしても，破産管財人は，民法545条１項但書の第三者に該当すると解されています。そのため，結論として，破産手続開始後に倒産解除条項に基づいて契約を解除しても，所有権を主張して商品を取り戻すことはできません。

他方，民事再生手続・破産手続の開始前に解除していた場合は，納品先（再生債務者）及び破産管財人との関係は対抗関係になります。そのため，手続開始前に対抗要件を具備すれば，納品した商品について取戻権を主張することが可能になります。

したがって，契約を解除した場合には，早期に納品した商品の引渡しを納品先から受け，対抗要件を具備することが肝要といえます。

3　最判平成20年12月16日民集62巻10号2561頁

# 4．開　発

本章では，自動車部品を開発する場面における知的財産を中心とした諸問題について解説します。

自動車には，さまざまな種類の部品が用いられており，１台の自動車を製造するためには約３万点の部品が必要になるとされています。そのような部品を製造するために欠かせないプロセスが，開発工程です。開発工程で生まれた部品の製造に関する発明，ノウハウなどは，企業の重要な財産となります。

また，自動車部品は，その製造に用いる図面の作成過程に着目して，承認図部品，貸与図部品，市販部品に分類されますが，いずれの部品であっても，開発の成果が化体した図面の取扱いは重要な問題です。

# 4.1 知的財産の権利関係

**Q1** 「知的財産権」とはどのようなものですか。自動車の製造においてはどのように活用されていますか。

**Q2** 他社の有する知的財産権を自社で利用する場合には，どのような方法がありますか。

**Q3** 当社は，新たな技術開発のために，他社と共同して研究開発を行う予定ですが，注意すべきことはありますか。

**A1** 自動車にはさまざまな技術やデザインが用いられています。その技術やデザインを保護するための権利が「知的財産権」です。新たに開発された技術などを保護することで，産業の発達がより促進されます。

**A2** 知的財産権は，原則としてその権利を有する者が独占して利用できます。そのため，他社の権利を利用したいと考える場合は，他社から権利を譲り受けるか，許諾を得る必要があります。

**A3** 他社と共同して研究開発を行う場合には，お互いが技術や情報を提供するため，情報管理を徹底しましょう。また，新たに開発された技術をどのように取り扱うのかも，あらかじめきちんと決めておきましょう。

［解説］

## 1　知的財産権とは

「知的財産権」とは，技術やデザイン，創作物などに対して認められる無形の権利をいいます。具体的には，特許権，意匠権，著作権などがあり，それぞれ保護の対象や保護期間などが異なります。

### (1)　特許権

特許権は，新たな技術的なアイデア（発明）に対して認められる権利です。特許権は，出願した日から20年間保護されます（特許法67条１項）。保護期間経過後は権利が消滅し，その技術は誰でも利用可能となります。

自動車業界においても，エンジンや駆動系などに関する技術，最近では電気自動車（EV），自動運転，低燃費化などの分野における技術について数多くの特許が出願・登録されています。

### (2)　意匠権

意匠権は，物などのデザインに対して認められる権利です。意匠権は，出願した日から25年間保護されます（意匠法21条１項）。保護期間経過後は権利が消滅し，そのデザインは誰でも利用可能となります。

自動車業界においても，車体のエクステリア，インテリアのデザイン等を登録する事例が数多くあります。

### (3)　著作権

著作権は，設計図面やプログラムなどの著作物に認められる権利です。著作権は，原則として著作物の創作時から発生し，著作者の死後70年間保護されます（著作権法51条２項）。保護期間経過後は，その著作物は誰でも利用可能となります。

近年は自動車製造におけるソフトウェアの価値が非常に大きくなってきており，安全運転支援システム，自動運転やナビゲーションシステムなど，非常に高度なシステムが組み込まれています。

このように，自動車製造においては数多くの知的財産権が利用されますので，その中でいかなる技術を権利化し，保護するかの判断が必要となっています。

| | 保護の対象 | 登録の要否 | 保護期間 |
|---|---|---|---|
| 特許権 | 発　明 | 必　要 | 出願日から20年 |
| 意匠権 | デザイン | 必　要 | 出願日から25年 |
| 著作権 | 著作物 | 不　要 | 著作者の死後70年 |

### ⑷　知的財産権と営業秘密

他方で，たとえば特許出願を行うと，その技術は一般に公開されるため，他社にまねをされるリスクがある技術については，あえて「特許権」ではなく「秘密情報」として保護することも考えられます（オープン＆クローズ戦略）。

また，製造ノウハウなど，特許などでは保護できないもの（しかし会社にとって非常に重要なもの）も，「知的財産権」ではなく「営業秘密」として保護することができます（不正競争防止法２条１項４号～10号，６項）。

自社と他社との技術的な優位性や，競合の有無などを考慮し，どのような戦略で自社の技術やノウハウ・情報を守っていくのか，戦略的に検討する必要があります。

| | 特許権 | 営業秘密（不正競争防止法） |
|---|---|---|
| 保護の方法 | 公開して権利取得 | 非公開にして保護 |
| メリット | ・権利取得の際に審査を受けるため，権利の内容が明確化される<br>・登録等を通じ権利の存否が明確化される<br>・一定期間，排他的権利が取得できる<br>・権利の譲渡が可能である | ・保護期間の制限がない<br>・自社の情報が公開されず，他社との差別化を図ることができる<br>・失敗した実験データ等，知的財産権による保護になじまないものも保護される |
| デメリット | ・内容まで公開され，周辺特許を取得されたり，模倣されやすくなる<br>・保護期間が終了した場合，誰でも使用可能になる<br>・維持コストがかかる | ・排他的権利ではないため，他社独自の開発やリバースエンジニアリングにより，独占できなくなる可能性がある<br>・適切な管理をしていないと，法律による保護を受けられない |

営業秘密として保護されるためには，①秘密管理性，②有用性，③非公知性という要件を満たす必要があります。特に，①秘密管理性について争われることが多く，いかなるモノ・情報をどのように秘密として管理するのかを会社として決定し，体制を整備する必要があります（秘密管理措置）[1]。

自動車業界では，たとえば工場見学や展示会など第三者の目に触れる機会には，情報管理を徹底する必要があります。また，他社から製造ノウハウの提供を求められることもあるかもしれません。他社に安易に情報提供してしまうと，自社の製造ノウハウを利用され，自社の優位性がなくなってしまう可能性もあります。役職や部署を問わず会社全体で情報管理を徹底する体制を構築する必要があります。

1　秘密管理措置の具体例は，経済産業省「営業秘密管理指針」（最終改訂：平成31年1月23日）参照

## 2 他社の有する知的財産権

自身が保有する知的財産権を自由に利用できるのは当然のことですが，現代の複雑なものづくりにおいては，自社の技術のみに頼ることは現実的ではないため，自社製品の製造や研究開発のために他社が保有する知的財産権を利用することも考えられます。

その方法の一つは，知的財産権の譲渡を受ける方法です。権利者から知的財産権を譲り受け，自らが権利者となります。自らが権利者となるため，その権利を独占的に利用することができ，他社に対してもその権利を主張することができます。

もう一つの方法は，知的財産権そのものは従前の権利者のまま，その権利の利用について許諾を受ける方法です。許諾の方法としては，独占・非独占があり，非独占の場合には自社以外の第三者にも許諾されることがありますので，注意が必要です。他方，独占の場合であっても，他社が知的財産権侵害行為を行っている場合に，差止請求ができるかについては議論があり，債権者代位権の方法による差止請求を認めた例がありますが[2]，否定した例もあります。

いずれの方法による場合にも，権利者であることを特許原簿などから確認したうえで，譲渡契約や利用許諾契約を締結するとよいでしょう。

これらの契約には，万が一第三者から権利侵害等の申立てを受けた場合の対応（誰が主導的に対応するのか，その場合の費用負担は誰がするのか等）についても記載しておくと，いざという時に安心です。

## 3 共同研究開発契約

共同研究開発を行う場合には，通常，共同研究開発契約を締結します。

新たな技術を研究開発するために，お互いに手持ちの情報を開示し合うこととなりますので，秘密保持契約も同時に結ぶことが通常ですが，注意すべき点は，情報のコンタミネーション（情報汚染）です。つまり，両社で情報共有が

---

2 東京地判昭和40年８月31日判タ185号209頁

行われた結果，共同研究開発に用いた情報がいったいどちらの情報なのかがわからなくなり，その結果，情報流出のおそれが生じるのみならず，情報の帰属に誤認が生じ，予期せぬ形で自社の情報が流用される可能性もあります。このような事態を避けるためには，自社がいかなる情報を提供し，受領したかを，適切に管理しておくことが非常に重要です。

また，共同研究開発は新技術の獲得を目指すこととなりますので，特許権等の知的財産権の取得が一つのゴールであるといえます。この特許権の扱い（出願は誰が行うのか，発明者は誰とするのか，出願費用は誰が負担するのか，特許権の帰属はどうするのか等）は，特許化というゴールを想定して，契約締結時にしっかりと見定めて契約書に落とし込んでいくことが必要となります。

# 4.2 図面の管理（営業秘密）

**Q1** 当社では，以前退職者経由での設計図面流出が疑われる事案があり弁護士に相談しましたが，図面管理状況が甘く，対抗手段がありませんでした。当社では現在も製品の設計図面やデータを設計チームの担当者がそれぞれ保存していますが，今後は，会社として統一的に管理していこうと考えています。どのような点に留意すればよいでしょうか。

**Q2** 当社での部品製造のために自社で製作した設計図面について，その部品を使用する製品の製造に必要であるとして，納品先から開示を求められましたが，当社は開示しなければいけないのでしょうか。また，開示をする場合，どのような点に留意すればよいでしょうか。

**A1** 秘密情報が，不正競争防止法の「営業秘密」として保護されるように，①秘密管理性，②有用性，③非公知性の３要件を意識して管理するべきです。問題になりやすい①秘密管理性については，会社が秘密として管理しようとする対象（情報の範囲）が従業員等に対して明確になるよう秘密管理措置をとる必要があります。

**A2** 取引基本契約等において設計図面の開示が規定されていない場合には，これを開示する法的義務はありませんので，できるだけ開示を控えるように交渉するべきです。取引先との関係上，設計図面を開示せざるを得ない場合には，秘密保持契約（又は取引基本契約書等の秘密保持規定）により，自社の秘密情報が不当に流出しないように努める必要があります。

[解説]

## Q1

### 1　会社の秘密情報を保護する方法

設計図面のような会社にとって重要な秘密情報については，外部に流出することのないように，また，万が一外部に流出してしまった場合に法的保護を受けられるように適切に管理する必要があります。

会社の秘密情報を保護する方法としては，契約によるものと，法律によるものがあります。法律によるものとしては，保護対象となる客体に着目して規定されている特許法等と，事業者間での公正な競争を阻害する行為（以下「不正競争」といいます。）を類型化して規制する不正競争防止法があります。会社の秘密情報のうち，特許権等による保護を受けられる一部の情報（なお，特許権等の保護を受けるためには，登録が必要となります。）を除いては，不正競争防止法による保護を念頭に置く（すなわち，その保護を受けられるように体制を整える）ことになるため，以下では不正競争防止法における秘密情報の保護を考えます。

契約による保護と不正競争防止法による保護を比較した場合，前者では当事者間で合意すれば公序良俗等の強行法規に反する内容でない限り，保護する対象，期間，違反した場合の効果等を自由に決めることができます。もっとも，当然ですが，契約は当事者しか拘束せず，第三者に効力を及ぼすことができません。そのため，重要な情報が外部に流出してしまい，それを第三者が利用した場合，何らの措置もとれない可能性があります。

他方で，後者の場合には，「営業秘密」に該当する情報しか保護対象にならず，規制対象となる不正競争行為（営業秘密侵害行為）の類型も限定されています（不正競争防止法２条１項４号～10号）が，これに該当する行為者に対しては，契約関係の有無にかかわらず（すなわち，第三者に対する関係でも）営業秘密の侵害を主張することができます。また，差止請求規定（不正競争防止法３

条）や損害額推定規定（不正競争防止法５条）等の民事上の規定の適用ができるだけでなく，刑事罰[1]も定められています。

## 2　営業秘密とは

不正競争防止法２条６項において，「営業秘密」とは，「秘密として管理されている生産方法，販売方法その他の事業活動に有用な技術上又は営業上の情報であって，公然と知られていないものをいう」とされており，①秘密管理性，②有用性，③非公知性の３要件をすべて満たしたものを指します[2]。

まず，①秘密管理性の要件が満たされるためには，会社がその情報を秘密であると主観的に認識しているだけでは足りず，特定の情報を秘密として管理しようとする意思（秘密管理意思）が具体的状況に応じた経済合理的な秘密管理措置によって，従業員に明確に示され，結果として，従業員がその秘密管理意思を容易に認識できること（認識可能性が確保されること）が必要であるとされています。

次に，②有用性の要件が満たされるためには，その情報が客観的に見て，事業活動にとって有用なものであることが必要だとされています。

そして，③非公知性の要件が満たされるためには，その情報が一般的には知られておらず，又は容易に知ることができないことが必要であるとされています。

## 3　秘密管理性を具備する方法

上記の３要件のうち，実務上特に問題となるのが，①秘密管理性であり，秘密情報の管理にあたっては，この要件を満たすべく体制を整える必要があります。

①秘密管理性が要件とされる趣旨は，会社が秘密として管理しようとする対象（情報の範囲）が従業員等に対して明確化されることによって，従業員等の

1　営業秘密侵害罪（不正競争防止法21条各号。10年以下の懲役若しくは2,000万円以下の罰金，又はその併科）

2　不正競争防止法の「営業秘密」の３要件の解釈については，経済産業省から「営業秘密管理指針」（最終改訂：平成31年１月23日）が出されており，本解説の見解は基本的にこの指針に従います。

予見可能性，ひいては，経済活動の安定性を確保することにあります。そのため，秘密管理措置においては，秘密情報について一般情報（営業秘密ではない情報）との間で合理的に区分され，秘密管理措置の対象者となる従業員等において，その情報が秘密であって一般情報とは取扱いが異なるべきという規範意識が生じる程度の取組みが必要になります。

具体的には，紙媒体の場合には，ファイル等を利用して一般情報から合理的な区分をしたうえで「マル秘」等と表示して秘密情報であることを示す方法や，施錠可能なキャビネット等に分けて保管する方法等が考えられます。また，電子データの場合には，ファイル名・フォルダ名やデータ上に秘密情報である旨の付記，パスワード設定，アクセス制御等が考えられます。物品自体に営業秘密が化体されている場合（製造機械，金型，試作品等）には，その物品が保管されている場所に「関係者以外立入禁止」等の表示をして立入制限をしたり，「写真撮影禁止」等の表示をしたりする方法が考えられます。媒体が利用されていないもの（無形のノウハウ等）については，内容を具体的に文書化するなど，原則として媒体に落とし込み，それを管理することになります。

## 4　本件での対応

本件の設計図面等についても，営業秘密の３要件（特に①秘密管理性）を満たすように管理することが重要です。

対象となる設計図面等の管理を個人やチームごとにバラバラに行うのではなく，上記の具体例のように，他の一般情報とは合理的に区分して管理する社内ルールを作成し，それに基づき統一的に管理することが望ましいといえます。

なお，上記は，「営業秘密」該当性の観点から必要な管理について記載しましたが，会社としての秘密情報の漏洩防止という観点から情報管理を考えた場合には，より多くの視点をもって検討することが必要になります。この点については，経済産業省から「秘密情報の保護ハンドブック～企業価値向上に向けて～」という総合的な資料が出されており，自社での体制構築に際して参考になるものと思われます。

## Q2

自社で作成した設計図面等について取引先から開示を求められた場合であっても，取引基本契約等において開示が義務付けられていない限り，これに応じる法的義務はありません。そのため，できるだけ開示を控えるように交渉するべきです。

もっとも，円滑な取引関係の維持等の理由から，設計図面等を取引先に開示せざるを得ない場合はあるものと思われます。

そのような場合には，取引先との間で秘密保持契約を締結したうえで，自社の秘密情報が第三者に漏洩しないように留意する必要があります。なお，取引基本契約における秘密保持規定が十分なものであれば，別途の契約までは必要ありません。

秘密保持契約においては，対象となる秘密情報の特定のほか，開示を受けた秘密情報の利用範囲（目的外利用の禁止），管理方法，取引終了時の処理（秘密情報の返還や破棄）等を定めることになります。この点，対象となる秘密情報が限定された場合（「開示した情報のうち秘密情報である旨明示したもの」等）には，実際の運用においてこれを遵守することが重要となります（開示についてはそのルールを十分に把握している担当者を通じてのみ行う，などの対応をすることが考えられます。）。

なお，取引の力関係によっては，秘密保持契約すら締結できないまま，設計図面等の秘密情報を開示せざるを得ない状況が生じることがあるようです[3]。このような場合には，不正利用された場合に不正競争防止法の営業秘密として保護される余地を残すために，その開示情報が自社の秘密管理措置の対象であることがわかるようにするべきである（媒体やデータ名に秘密情報である旨明示する，送り状やメールにおいてその旨付記する等）と考えられます。

---

3　公正取引委員会「製造業者のノウハウ・知的財産権を対象とした優越的地位の濫用行為等に関する実態調査報告書」（令和元年6月）25頁

# 4.3 職務発明と知的財産リスク

**Q** 当社は2次サプライヤーで，自動車のエアコンに関する部品を作っています。当社はこのエアコンに関する部品を製造する工程で，3次サプライヤーが特許を取得している特殊なねじを使用しており，このねじはその3次サプライヤーから購入しています。ところで，この3次サプライヤーには職務発明規程がないとのことでした。当社は今後電気自動車に対応する新規の部品を，この3次サプライヤーから仕入れることを予定していますが，この3次サプライヤーが職務発明規程を定めていないことについて，当社としてはどのようなリスクがあるでしょうか。

**A** 2次サプライヤーには，3次サプライヤーより特許を受ける権利又は特許権（以下「特許権等」といいます。）を取得しようにも取得できないといった事態や，特許権等に関する知財紛争が生じたときの対応が困難，複雑化するおそれがあります。

また，権利関係が直接問題とならない場合であっても，3次サプライヤーが現在保有し，又は今後保有することになる発明を含む部品について，実際に開発をした3次サプライヤーの従業員から相当の利益の支払請求を受けて，3次サプライヤーの資金繰りが悪化し，部品の供給が不安定になるリスクも考えられます。

[解説]

## 1　職務発明規程の法的位置付け

### (1)　職務発明制度とは

特許法をはじめとする知的財産法は，知的財産を生み出した自然人に対し，その知的財産に関する権利を付与することを原則としています。そのため，通常，企業において従業員が開発した発明は，開発した従業員本人に帰属することになります。その従業員を雇用している企業としては，発明に関する費用を出捐したにもかかわらず，発明を利用することができない可能性があるのです。そのような事態を回避するため，従業員が企業の業務の一環として行った発明について，一定の要件を満たす場合には，発明を利用できる権利を企業に付与し，さらには，発明の成果を従業員ではなく企業に帰属させることができる職務発明制度が設けられています。

なお，職務発明制度は，特許だけでなく実用新案，意匠にも適用されますが，以下，特許を例に解説します。

### (2)　職務発明規程とは

従業員の発明を「職務発明」とし，その発明に対する権利を企業に帰属させるためには，特許法上，「契約，勤務規則その他の定めにおいてあらかじめ使用者等に特許を受ける権利を取得させることを定め」る（特許法35条3項）必要があります。職務発明規程は，この特許法の定めに基づき，「勤務規則」の一種として定められるものであり，企業が職務発明制度を導入する際の一般的な方法となっています。

## 2　職務発明制度

### (1)　総　論

従業員が行った発明が職務発明として認められるためには，次の要件が必要になります（特許法35条1項）。

### ア　従業員等がした発明であること

この要件については，使用者等と従業員等の間に雇用契約がある必要はありません。たとえば，出向等の関係であっても，使用者等の指揮命令関係が認められる状況下で，従業員等によってなされた発明であれば足ります。

### イ　その発明が性質上使用者等の業務範囲に属するものであること

使用者の業務範囲は「使用者が現に行っている，あるいは将来行うことが具体的に予定されている全業務を指す」[1]と考えられています。ここにいう業務の範囲は，会社の定款に記載された目的に限られるものではなく，実際に行われる予定があるすべての事業との関係で判断されることになります。

### ウ　その発明をするに至った行為がその使用者等における従業員等の現在又は過去の職務に属するものであること

従業員等の職務に属するか否かは，職務命令のほか，「当該従業者の地位，給与，職種，その発明完成過程への使用者の関与の程度等の諸般の事情を総合的に勘案して決定される」[2]こととなります。そのため，発明を主たる業務としている従業員に限られず，職務の一環として発明がなされた場合には職務発明となりうる点にご留意ください。

また，「過去の職務」とは，従業員等が，現在ではなく過去の使用者等の下で発明した場合，この発明についても過去の使用者等における職務発明とするということを指します。

## (2)　特許を受ける権利及び特許権の帰属先

### ア　従業員に帰属する場合

上記職務発明の要件に該当する場合，特許権等は従業員等に帰属し，使用者等はその発明について無償の通常実施権を取得します。しかし，この通常実施

1　中山信弘『特許法［第４版］』62頁（弘文堂，2019）
2　中山・前掲注１）63頁

権は，権利者に対し不作為を求める権利ですから，特許権自体を取得するわけではありません。つまり，特許権者と同様の権利を取得できるわけではないので注意が必要です。

そのため，使用者等が従業員等から特許権を取得する必要がある場合には，使用者等は，従業員等から特許権等の譲渡を別途受ける必要があります。

#### イ　会社に帰属する場合

あらかじめ契約，勤務規則その他において定めておく場合には，使用者等に特許を受ける権利が原始的に帰属します。具体的には，前記１(2)のとおり，「勤務規則」の一種として，職務発明規程を定めることが一般的です。職務発明規程については，特許庁よりひな形[3]が公表されており，参考になります。

### (3)「相当の利益」の必要性

#### ア「相当の利益」の定め方

職務発明規程において「相当の利益」の基準等を定める場合には，「相当の利益の内容を決定するための基準の策定に際して使用者等と従業者等との間で行われる協議の状況，策定された当該基準の開示の状況，相当の利益の内容の決定について行われる従業者等からの意見の聴取の状況等を考慮して，その定めたところにより相当の利益を与えることが不合理」と認められないように定めなければいけません（特許法35条５項）。

この特許法の定めは，相当の利益を定める手続が適正であることを条件に，職務発明規程等における相当の利益の基準に従って相当の利益を算定し，支給することを認めるものです。手続の適正さを判断するための基準として，特許法に基づくガイドライン[4]が策定されています。

---

3　特許庁HP「Ａ株式会社職務発明取扱規程（案）（中小企業用）」

4　経済産業省告示第131号「特許法第35条第６項に基づく発明を奨励するための相当の金銭その他の経済上の利益について定める場合に考慮すべき使用者等と従業者等との間で行われる協議の状況等に関する指針」（平成28年４月22日）第一　一

特許法やガイドラインに沿って検討した結果，相当の利益を定める手続が適正である場合には，たとえば，職務発明により企業が受ける利益の程度から切り離し，相当の利益を定額で定めることも許容されると考えられています。

なお，相当の利益の定め方が不合理なものである場合，最終的には裁判所が相当の利益の具体的内容を定めることになります。具体的には，「第４項の規定により受けるべき相当の利益の内容は，その発明により使用者等が受けるべき利益の額，その発明に関連して使用者等が行う負担，貢献及び従業者等の処遇その他の事情を考慮して定め」（特許法35条７項）られます。この場合，使用者等にとっては，相当の利益が高額となるリスクがありますので，使用者等は上記ガイドラインに従い相当の利益を定める手続を慎重に設計する必要があります。

### イ　「相当の利益」の内容

企業は，従業員に対して「相当の金銭その他の経済上の利益」（以下「報奨」といいます。）を渡す必要があります。報奨は必ずしも金銭である必要はありませんが，経済的価値を有している必要があります。

具体的には，ガイドライン[5]に次のような例が挙げられており，報奨のあり方は多様に認められつつあります。

| |
|---|
| ①　使用者等負担による留学の機会の付与 |
| ②　ストックオプションの付与 |
| ③　金銭的処遇の向上を伴う昇進又は昇格 |
| ④　法令及び就業規則所定の日数・期間を超える有給休暇の付与 |
| ⑤　職務発明に係る特許権についての専用実施権の設定又は通常実施権の許諾 |

5　経済産業省告示・前掲注４）第三　一３

もっとも，多くのものづくりを中心とする中小企業では，出願，登録，実績時に金銭を支払う，又は社内で表彰したり，業務・賞与査定で勘案する企業が多く，金銭の支払いにより対応している例が多いようです[6]。

職務発明制度における報奨は，上記のとおり，相当の利益という要件を満たすために必要なものではありますが，同時に，研究部門における業績評価・褒章として研究部門における役職員をモチベートするという観点から人事政策的に決すべき事項となります。そのような観点から，自社にとって妥当な水準を決定することが重要となります。

## 3　職務発明規程が整備されていない場合の問題点

### (1)　権利関係についての問題点

３次サプライヤーにおいて職務発明規程が整備されていない場合，３次サプライヤーは，特許権等を原始的には取得できないことになります。そのため，２次サプライヤーが３次サプライヤーとの間で特許権等に関する譲渡契約を結んだとしても，それらの権利を取得できない可能性があります。その場合，２次サプライヤーとしては，発明を行った３次サプライヤーの従業員等と直接交渉を行う必要が出てきます。

さらには，知財紛争が発生した場合には，この特許に関して，２次サプライヤー，３次サプライヤー，発明を行った従業員等と権利関係が複雑になるため，対応が複雑，困難となります。

ところで，自動車部品の取引契約では，取引対象の部品に関して知財紛争が発生した場合の紛争コントロールや紛争対応費用の負担について定められることがあります。自社の調達先において職務発明規程が整備されていない場合には，自社の販売先との取引契約において要求される紛争コントロールを実現で

6　株式会社野村総合研究所コンサルティング事業本部上級コンサルタント佐藤将史「平成27年度産業財産権制度問題調査研究「企業等における職務発明規程の策定手続等に関する調査研究」国内ヒアリング調査 調査結果概要（中間報告）」（平成27年９月16日，第12回特許制度小委員会）

きず，あるいは，知財紛争への対応費用が増加し，自社の業績を損なうおそれがあるため，販売条件によっては，調達先において職務発明規程等が整備されているかどうかの確認が重要となります。

### ⑵　その他の問題点

部品に利用されている発明の権利関係が問題にならない場合や，発明に関する従業員等の権利を使用者等に譲渡することについて合意が得られる場合であっても，発明を行った従業員等が雇用主である３次サプライヤーに対して請求できる相当の利益について，従業員等と３次サプライヤーとの間で紛争化するおそれがあります。

職務発明規程が設けられておらず，相当の利益を定める基準が存在しない場合，相当の利益は，「発明により使用者等が受けるべき利益の額，その発明に関連して使用者等が行う負担，貢献及び従業者等の処遇」等の事情を中心に考慮して決定されますので（特許法35条７項），発明により３次サプライヤーが得られる利益が大きいときには，それに比して相当の利益の額も大きくなりますから，３次サプライヤーの規模によっては，資金繰りに悪影響を及ぼし，部品の安定供給に支障を来すおそれもあるのです。

# 5. 調　達

本章では，自動車部品の調達時に起こりうる以下のような問題や論点について解説します。

まず，発注者側と受注者側の資本金額によっては，両者間の取引に下請法が適用される場合があります。下請法が適用される場合には，発注者側に通常の取引よりも制限が課されますので，そのような制限に違反しないように注意が必要となります。

次に，納品時の検査において，部品の不備を発見することができれば，不良品をその後のサプライチェーンに流さないことができるため，そのチェックは重要です。このような検査で問題が生じた場合を検討します。

また，原材料や部品を仕入れている業者の信用力は，継続的に注視しておく必要があります。もし仕入業者の信用力に疑義が生じるような事態が生じた場合には，どのように対応すべきかを解説します。

そして，自動車部品の取引は，相当長期間にわたり行われていることが珍しくありません。このような取引先との取引を解消する場合には，どのような点に注意する必要があるでしょうか。

# 5.1 下請法の遵守

**Q** 当社は自動車部品を製造するメーカーです。部品の製造とそれに使用する金型の製造をあわせて下請事業者に委託しています。支払期日は毎月15日締め，２カ月後末日払いとし，銀行振込みにより支払っています。また，下請事業者には金型ではなく部品を納入してもらい，補給用部品が必要になる場合に備えて金型の保管をお願いしています。当社と下請事業者の資本金は，それぞれ下請法上，「親事業者」「下請事業者」に当たる金額ですが，下請法上，どのような点に注意すべきでしょうか。

**A** 下請法上，支払期日は，親事業者が下請事業者の給付を受領した日から起算して60日以内のできるだけ短い期間内に定められなければなりません。

また，親事業者が下請事業者に対し，長期にわたり無償で金型の保管をさせることは，不当な経済的利益を提供させることによって下請事業者の利益を不当に害することに当たります。

さらに，親事業者が下請事業者の給付の内容と同種又は類似の内容の給付に対し通常支払われる対価に比し著しく低い下請代金の額を不当に定めることは，いわゆる「買いたたき」に当たります。

したがって，上記のような下請法の規制に注意をして，下請事業者との間で協議・合意を行う必要があります。

［解説］

## 1　支払期日

下請代金の支払期日は，親事業者において検査をするかどうかを問わず，親事業者が下請事業者の給付を受領した日から起算して60日以内のできるだけ短い期間内に定められなければなりません（下請法２条の２第１項。詳細については2.5を参照）。

本件の場合，金型の納入はありませんので，金型の「給付を受領した日」がいつになるかが明確ではありません。

そのため，親事業者は，金型の「給付を受領した日」とみなす時点，支払期日，支払方法について下請事業者と事前に協議して合意をしておく必要があります。たとえば，支払いに関して「最初の試打ち品を受領した時点から○日限り」や「最初の部品を納品した日から○日限り」と定めることができます[1]。

上記の60日以内の支払期日規制は，当事者間の合意があったとしても下請法違反となります。たとえば，契約書や注文書に60日より長い支払期限を定めたり，金型の完成後に支払期限を後ろ倒しする合意をしたりする場合にも，この規制に抵触します。そのため，支払期日が金型の「給付を受領した日」とみなす時点から60日以内となるよう合意をする必要があります。

## 2　金型の保管

### ⑴　自動車用部品製造における金型の価値

自動車部品メーカーは，いわゆる「貸与図メーカー」と「承認図メーカー」に分類されます。貸与図メーカーは，設計図に従って部品製造を受注する部品メーカーをいいます。他方，承認図メーカーは，部品の設計まで行う部品メーカーをいいます。

いずれの部品メーカーにおいても，金型は，製品ごとに設計されて製造され

1　型取引の適正化推進協議会「型取引の適正化推進協議会報告書」（令和元年12月）22頁

るものであり，さまざまな技術やノウハウの集合体ともいえます。また，金型は部品を量産するために製造されるものであり，部品メーカーの根幹を支えるものといえます。この点から，金型は非常に高い価値を有するものです。

### (2) 金型の保管・修繕費用の問題点

部品製造を委託した者が金型を所有する場合には，部品の製造を行うにあたり金型を引き渡すこととなります。そして，部品の製造が継続的なものになれば，部品メーカーは金型を利用して部品を量産するので，通常，金型は部品メーカーが保管することとなります。

そうすると，部品メーカーとしては，金型が適切に保管できる場所を用意し，メンテナンスも行わなければならないわけですが，金型の保管には費用がかかりますし，補給用部品がいつ必要になるかわからないため，保管が長期間に及ぶ可能性があります。

そのため，委託者と部品メーカーの取引が下請法の適用を受ける場合には，本来的には委託者が負担すべき場所の準備とメンテナンスを部品メーカーが行うことになるため，不当な経済上の利益の供与に当たる可能性があります（下請法４条２項３号）。

また，下請法の適用がない取引であっても，優越的地位の濫用として，独占禁止法違反の問題が生ずる可能性もありますので，注意が必要です。

そもそも，金型に関する取引は，以下の三つの類型に分かれると考えられています[2]。

2　型取引の適正化推進協議会・前掲注１）６頁

① 金型のみ又は部品と金型の双方を取引対象とする場合
② 取引対象は部品であるが，金型についても部品に付随する取引として支払いや製作・保管等の事実上の指示を行う場合
③ 金型そのものを取引対象とせず，かつ，金型に関して支払いや製作・保管等の事実上の指示を全く行わず，受注側企業の判断で金型管理を行う場合

①の場合，金型の所有者は発注側（親事業者）になり，②や③の場合は，金型の所有者が受注側（下請事業者）になります。

金型の所有者が親事業者であっても下請事業者であっても，親事業者が下請事業者に対し，長期にわたり無償で金型の保管をさせることは，不当な経済的利益を提供させることによって下請事業者の利益を不当に害することに当たります。

たとえば，親事業者が下請事業者に金型の製造を委託した後，親事業者が所有する金型を下請事業者に預けて，部品等の製造を委託しているとします。親事業者は，部品等の製造を大量に発注する時期（量産時期）を終えた後，下請事業者に対し部品の発注を長期間行わない事態となることがあります。このような場合に，親事業者が自己のために，その金型を下請事業者に無償で保管させることや，金型の保管のために要する費用（たとえば，倉庫保管料，倉庫等への運送費，メンテナンス費用等）を負担させることは，不当な経済上の利益の提供要請に該当するおそれがあるとされています[3]。

また，下請事業者が金型の保管費用の負担を求めたところ，親事業者が「他社からはそのような相談はない」「（発注内容に予めそのような取り決めがないにもかかわらず）製品価格に含まれている」などとして費用負担を認めない場合や，量産終了から一定期間が経過した金型について下請事業者が破棄の申請を

3 公正取引委員会・中小企業庁「下請取引適正化推進講習会テキスト」（令和4年11月）81頁Q94

行ったところ，親事業者が「自社だけで判断することは困難」などの理由で長期にわたり返答を行わず，実質的に無償で金型を保管させた場合等は，不当な経済的利益を提供させることによって下請事業者の利益を不当に害することに当たります[4]。

自動車業界ではありませんが，親事業者が下請事業者に対し，所有する木型及び金型を用いて製造する部品の発注を長期間行わないにもかかわらず，約1年4カ月の間，無償で保管させることにより下請事業者の利益を不当に害したと判断されたケースがありました。公正取引委員会は，親事業者に対し，下請法4条2項3号違反を理由に勧告（下請法7条3項）を行いました[5]。

こうしたトラブルを避けるためには，発注時に金型の所有権の所在や移転時期，金型の製作・保管費用，保管期間等を書面により定めることが望ましいとされています[6]。

また，すでに保管中の金型に関しては，経済産業省のガイドラインでは，親事業者に対し，保管が不要な金型については廃棄を検討し，引き続き保管が必要な金型については保管期間や保管費用等について下請事業者との間で協議・合意を行うことを求めています[7]。

したがって，本件においても，親事業者において金型の保管の要否を検討のうえ，必要な場合は下請事業者との間で保管期間や保管費用等について協議・合意を行う必要があります。この際，サプライチェーンの川上から川下まで，金型の保管期限や廃棄について一貫した基準を設けて運用すること等が望ましいとされています[8]。

---

4　経済産業省「自動車産業適正取引ガイドライン」（令和4年9月最終改訂）19-20頁

5　公正取引委員会「岡野バルブ製造株式会社に対する勧告について」（令和5年3月16日）

6　型取引の適正化推進協議会・前掲注1）8頁
経済産業省「素形材産業取引ガイドライン」（令和4年9月最終改訂）15頁

7　型管理（保管・廃棄等）における未来志向型の取引慣行に関する研究会「未来志向型・型管理に向けたアクションプラン」（2017年7月24日）4頁

8　その他の具体的なベストプラクティスの例としては，型取引の適正化推進協議会・前掲注1）14頁参照

### (3) 貸与・返却等の条件

上記のとおり，生産終了後も金型をいつまでも保管させるとすれば部品メーカーにとっては非常に過大な負担となり，下請法や独占禁止法違反となるおそれがあります。

そのため，あらかじめ費用負担や返却条件について取決めをしておくべきです。上記のとおり，部品の最終製造から相当期間が経過した場合には返還するなど，部品メーカーの負担をできる限り軽減するようにしておくことが無難です。

また，取引の流れとして，委託者のその先にさらなる委託者が存在し，その委託者が金型の所有権を有している場合，返還や破棄についてはその委託者が判断しなければならず，部品メーカーの直接の取引先である委託者が判断できないというケースもありえます。

しかし，その場合でも，委託者は自身の委託者から具体的な指示を受け，それをもとに部品メーカーと協議し，部品メーカーの負担を軽減させるための措置を講じるべきです。それを怠り，長期間無償でメンテナンスをさせてしまった場合には，やはり不当な経済上の利益を提供させたこととなり，下請法違反となるリスクがあります。

## 3 補給用部品

下請法は，親事業者が下請事業者の給付の内容と同種又は類似の内容の給付に対し通常支払われる対価に比し著しく低い下請代金の額を不当に定めること（以下「買いたたき」といいます。）を禁じています（下請法４条１項５号）。

補給用部品は通常の製造と比べて少量の製造となるため，規模の経済が働かず，通常の製造時よりも原価が高くなることが一般的です。

たとえば，量産打ち切り後に発注数量が少なくなった補給用部品について，生産コストが量産品を大きく上回る状況となり，下請事業者が単価の値上げを求めたにもかかわらず，親事業者が一方的に従来どおりの単価を据え置いたような場合には，買いたたきに該当します[9]。

そこで，親事業者は，補給用部品の価格について下請事業者と協議のうえ，合理的な価格を定める必要があります。この際，補給用部品について量産品発注時の価格に所定の割増率を加算した価格を明示的に設定すること等により，買いたたきに該当しないようにする必要があります。

9　経済産業省・前掲注４）15頁

## コラム9　偽装請負

自動車部品の発注者である２次サプライヤーの工場で，受託先（３次サプライヤー）の従業員（工場労働者）が業務に従事することがあります。このような受託先（３次サプライヤー）の従業員（工場労働者）に対し，発注者が業務上の指揮命令をすることが問題となるケースがあります。

労働者派遣法（労働者派遣事業の適正な運営の確保及び派遣労働者の保護等に関する法律）２条１号において「労働者派遣」は，「自己の雇用する労働者を，当該雇用関係の下に，かつ，他人の指揮命令を受けて，当該他人のために労働に従事させること」とされています。

他方，「請負」とは，労働の結果としての仕事の完成を目的とするもの（民法632条）をいいます。労働者派遣との大きな違いは，発注者と受託者の労働者との間に指揮命令関係が生じないことです。

「偽装請負」とは，実態は労働者派遣（又は労働者供給）でありながら，業務処理請負（委託）を偽装して行われているものをいいます[注]。すなわち，形式上は業務委託契約や請負契約が締結されていても，発注者が受託先従業員に対して指揮命令をしており，実態が「労働者派遣」に該当する場合をいい，違法です。

実態が「労働者派遣」に該当する場合，本来は労働者派遣法の種々の規制を遵守する必要があるにもかかわらず，「業務委託」「請負」の名を借りて偽装し，労働者派遣法の規制を免れていることから，責任が曖昧になり，労働者の雇用や安全衛生面など基本的な労働条件が十分に確保されないおそれがあるのです。

厚生労働省は「労働者派遣事業と請負により行われる事業との区分に関する基準」（昭和61年労働省告示第37号，最終改正平成24年厚生労働省告示第518号）２条で，労働者派遣事業と請負との区別に関して具体的な判断基準を列挙しています。大枠としては，受託者が受託業務の処理に関して，同条１号・２号，及び各号の中でさらに細分化された各基準のすべてを満たさない限り，形式が業務委託契約や請負契約とされていても実態は労働者派遣に当たると定められています。

偽装請負が行われ，さらに一定の要件が満たされた場合，発注者が委託先従業員に対し労働契約の申込みをしたものとみなされます（労働者派遣法40条の６第１項５号）。そして，偽装請負が終了した日から１年を経過する日までに委託先従業員が上記申込みを承諾すれば，発注者・委託先従業員間で直接の雇用関係が成立することになります（同条２項，３項）。

偽装請負に関し，大阪高裁令和３年11月４日判決（ジュリ1566号４頁・労判1253号60頁）では，上記の厚生労働省告示の基準によって偽装請負かどうかを認定したうえ，直接の雇用関係の成立を認め，労働契約が成立したと認められる日以降の賃金請求を認めました。

具体的には，業務遂行上の指揮命令，勤怠管理上の指揮命令及び職場管理上の指揮命令などに着目し，請負という契約形式をとっていても，発注者が自己の雇用する労働者の労働力を自ら直接利用するものであることを認定しました。

また，製品に不具合が生じても受託企業が法的責任を問われたことがないことや，発注者が受託企業の従業員の教育・研修をしていたことなど，業務の実態を踏まえて，受託企業が請け負った業務を自己の業務として発注者から独立して処理するものではなかったと認定しました。

さらに，偽装請負等の目的があったかどうかについては，「日常的かつ継続的に偽装請負等の状態を続けていたことが認められる場合には，特段の事情がない限り，…組織的に偽装請負等の目的で当該役務の提供を受けていたものと推認するのが相当である。」と判示し，約18年間にわたり偽装請負の状態を続けていたことに着目し，偽装請負等の目的があったものと認定しました。

人件費を含む経費の削減は経営努力で実現していく必要があることですが，偽装請負を行うと，結局直接雇用をしなければならなくなります。労働者派遣契約をするのか，請負契約とするのか，業務の内容に応じて適切な形態で事業を進めていくことが肝要です。

**注**　菅野和夫『労働法［第12版］』392頁（弘文堂，2019）

# 5.2 検収・受入検査

**Q1** 納入先から，突然，検査ルールが変わったので納品を受けられないという連絡がありました。また，以前から，納入先における検収が遅れ，実質的に約定の支払期日から遅れるという事態が発生しています。このような対応は許されるのでしょうか。

**Q2** 当社では，納品を受けた部品を利用して生産を行い出荷するまでの期間が短いため，十分な検査期間を確保できません。調達する部品の受入検査を調達先（売主）に任せることはできるのでしょうか。また，調達先に受入検査を任せた場合，納入後に部品の不具合が見つかったらどうなるのでしょうか。

**A1** 検収（受入検査）は，注文（個別契約）どおりの製品が納品されているかを確認する手続であり，注文成立時の合意内容を超えて買主が一方的に検査・検収ルールを変更することは許されません。

自動車部品取引においては，検収合格と代金の支払時期が連動する検収締切制度が採用されることが多くなっています。買主の検収遅延に対し，売主は，あらかじめ検収期間を約定する事前措置を講じることが望まれます。事前措置が不十分な場合には，不備のない製品を納品しているにもかかわらず代金の支払いを遅らせるのは信義則に違反する等の主張をすることが考えられます。

**A2** 検収（受入検査）を調達先（売主）に委託することは可能です。

下請取引に当たる場合には，売主に対し書面で検収業務を委託しなければ，納入後に部品の不具合を発見したとしても，不良品を返品することができません。

[解説]

## Q1

### 1　検収の法的位置付け

検収とは，一般的にいえば，製品・サービスの提供を目的とした商取引に関する契約において，相手方による製品・サービスの提供が契約における合意内容（数量，品質，性能，仕様など）に適合しているかどうかを確認する手続を指します。自動車部品の取引についていえば，注文（個別契約）に応じて納品された部品について，その部品が注文の内容に適合しているかどうかを確認する発注者（買主）の手続です。検収は，製品の受領後早期に製品の検査を行うことで，すみやかな履行の追完を実施し，商取引を迅速かつ円滑に進めるという効果を持っているため，買主・売主双方の利益につながる手続といえます。また，検収（受入検査）は，調達側の自動車部品サプライヤーの品質管理・保証プログラム（一般的な規格であるISO 9001のほか，自動車産業向けの国際規格であるIATF 16949が存在します。）の一環として行われることも少なくありません。

商法は，「商人間の売買において，買主は，その売買の目的物を受領したときは，遅滞なく，その物を検査しなければならない。」と定めているところ（商法526条１項），検収は，通常，ここでいう検査と同一視されます。そのため，企業間の購買取引において，検収は，買主の法的義務を構成しているといえます。企業間の自動車部品の供給に関する取引は，通常，単純な売買か，請負と売買が組み合わさった契約（いわゆる「製作物供給契約」）のいずれかに当たるため，ほとんどの事例において発注者（買主）は，検収を実施する義務を負うことになります。

検収の結果，不合格の製品が発見された場合，買主は，売主に対し，契約不適合責任の定めに準じて，不備の補修，代品の納品，代金の減額を求めることができます。売主は，製品が注文の内容に適合していない限り，買主の要求を踏まえて再納品等の対応を行う必要があります。

他方，買主が検収を怠り，あるいは検収を実施したものの不合格の通知を怠った場合には，買主から売主に対する契約不適合責任の追及が制限されることになります（商法526条２項，３項）。

## 2　取引実務

実務上は，取引基本契約書において，買主が検収を行う旨を明示したうえで，検収の期間，検収完了の効果などを定めることが多く，買主は，契約の定めに従って検収を実施することになります。検収に合格したことを記載した書面（検収書）が発行される例も少なくありません。

一般的な自動車部品の取引では，検収に合格した場合の効果として，製品の引渡し完了が定められます。また，代金の請求・支払いの締日は，検収合格時を基準に判定されることが多くなっています（いわゆる「検収締切制度」）。下請法の適用がある取引において検収締切制度を採用する場合，買主は，製品を受領した日（検収合格日ではないことに注意。）から起算して60日以内に代金全額を支払わなければならないという下請法の規制に違反しないように注意する必要があります（下請法２条の２第１項）。

このように検収の合格が代金の支払いと結びついている場合，売主が適正な製品を納入しても，買主がいつまでも検収を実施しなければ，売主は代金の支払いを受けられないのではないかという危惧が生じます。そこで，一定の検収期間（たとえば５営業日）を定め，この期間内に買主が合否の判定をしなかった場合には，検収に合格したものとみなす旨の定めが契約書に設けられることがあります。買主は，商法上も遅滞なく売買の目的物を検査する義務を負っているところ，この義務を具体化する規定であるといえます。

また，検収の結果，買主が不合格と判断した後の手続，対応方法について，契約書において特別の約定をする例も多いです。

## 3　検収の基準

検収は，納品された製品が注文（個別契約）どおりのものかどうかを確認する手続です。そのため，検収の基準は，注文（個別契約）そのものであり，当事者が合意した仕様書や設計図面に沿うものでなければなりません。

特定の注文に関する仕様書や設計図面などの仕様は，注文成立時に確定しています。注文成立後に追加合意によって注文の内容が変更されることはありますが，逆にいえば，そのような追加合意がない限り，注文成立時の合意内容が検収基準となります。そのため，注文成立後に，買主が恣意的に検収基準を設定したり，注文時に合意していなかった性能・仕様を検収項目としたりすることは，許されません。なお，下請取引の場合に，恣意的に検収基準を変更して製品を返品することは，返品の禁止という下請法の規制に違反します（下請法4条1項4号）。

取引によっては，取引基本契約書において，「検収は，買主が定める基準に従って実施される」という趣旨の定めが設けられることがあります。このような定めは，主として，買主の業務プロセスに沿った検収手続を実施するために設けられることが多いですが（全量検査・抜取検査の別や，抜取検査の実施要領など），検収の中身そのものについて基準が設けられることもあります。いずれにせよ，納品の方法や対象という契約の要素を規定するものですから，本来的には，注文（個別契約）の成立時に，当事者間で合意すべき事項を対象としています。そのため，完全に買主に一任しているというよりも，注文時に確定している契約条件の枠内で買主に一定の裁量を付与していると理解するのが適切な事案が多いと思われます。仮に，検収基準に関する買主の裁量が大きいと判断される事案でも，買主による検収基準の変更が売主の製品生産工程や納品方法に影響を及ぼす場合には，買主が検収基準の変更を通知した時以前に生産や納品が完了していた製品には，従前の検収基準が適用されることになります。

他方，注文（個別契約）の成立に先立って買主が検収基準を定め，その基準が売主に開示されている場合には，検収基準の内容が注文の一部を構成する場合があります。自社ルールに沿った検収を行いたいと考える買主は，あらかじめ，売主に対し自社の検収ルールを開示し，そのルールに従った納品を実施するよう求めるべきでしょう。

## 4　検収遅延

売主にとって，買主による検収の遅延は代金受領の遅れに結びつく事態ですから，可能な限り避けたいものです。

上記２のとおり，取引基本契約書に検収の定めが設けられる場合には，一定の検収期間の定めとその期間内に買主が合否の判定をしなかった場合に合格とみなされる旨の定めが置かれることが多いです。これらの定めが設けられている場合には，所定の検収期間を超えて検収未了のまま製品が放置されるおそれはありません。万が一，買主が検収期間内に検収を完了しなかったとしても，検収期間の終了時に検収に合格したとみなされるので，そのまま代金請求手続に進むことができます。このように，売主にとって，契約時に検収について約定することは重要なのです。

もっとも，取引基本契約書の締結交渉時に，買主が，検収に必要な期間を一般的に定めることは難しい等の理由で，検収期間を定めることを拒絶する例は決して珍しくありません。自動車部品によっては，技術的な判断が容易ではないこともあるため，こういった買主の意見も一概に不合理とはいえないのです。このような場合には，売主と買主が共同で検収マニュアルや検収見本を作成したり，正式発注前の仕様交渉段階で検収基準についても十分に協議したりすることが有効となります。

契約書を作成せず注文書等の簡素な書面のみで取引を行っている場合や，取引基本契約書は締結しているものの検収期間等に関する定めが設けられていない場合には，買主による検収遅延を咎めることは容易ではありません。納品した製品に不備がないか，少なくとも軽微な不備しかない場合には，売主としては，検収合格の有無にかかわらず買主が代金の支払いを留保することは信義則に反し違法であるという主張をすることが考えられるものの[注]，買主が検収をせずに製品を放置しているような状況において，代金の回収を図ることは容易ではありません。売主としては，契約締結・正式発注前から，検収遅延の防止を意識して取引を進める必要があります。

注　最判平成９年２月14日民集51巻２号337頁参照

# Q2

## 1　検収を売主に委託することの可否

検収は，製品・サービスの買主が，売主による義務の履行が契約に適合しているかどうかを確認する手続ですから，一見すると，この手続を売主に委託することは許容されないようにも思われます。しかし，結論からいえば，買主が売主に対し検収（受入検査）を委託することに法律上の障害はなく，実務上もこのような取扱いがなされる例が見られます。たとえば，納期の都合や部品の性質から，買主において全量検査を行うことが困難である場合でも，売主の製造工程の過程であれば検査が可能となるようなときに，売主に検査を委託する需要が生じるのです。

Ｑ１の解説で述べたとおり，検収とは，製品・サービスの提供義務を負う者による，その製品・サービスの提供が契約における合意内容（数量，品質，性能，仕様など）に適合しているかどうかを確認する手続を指します。このような手続は，契約における合意内容という客観的な基準に従って行われるため，買主が自ら実施しなければならないという必然性は存在しません。物流業者が検収代行を自社のサービスの一つとして提供する場合に限らず，売主が自ら検収業務を受託することも，実務上は一般的に行われています。このような検収業務は，売主が行う出荷前検査とは区別されます。

## 2　検収を委託する場合の注意点

検収を委託する場合には，買主が検収の委託先に対し，検収基準を明確に提示する必要があります。検収は，提供された製品・サービスが契約における合意内容に適合しているかどうかを確認する手続であるところ，すべての合意内容が明確に書面化されているとは限りませんし，耐久性など検収時に確認することが難しい仕様も存在しますから，契約に適合しない製品・サービスを検出することができる具体的な検収基準を作成し，検収業務の実施者に提供する必要があります。これは，検収の委託先が売主，第三者のいずれであるかを問わず，共通の注意点です。

## 3　検収の委託と下請法の規制

自動車部品の購買取引が下請取引に当たる場合に，検収を下請事業者である売主に委託するときには，親事業者となる買主は，下請法の規制との関係に留意する必要があります。

下請法は，親事業者に対し，下請事業者の給付の内容等を記載した書面等を下請事業者に交付することを義務付けるとともに（下請法３条１項），下請事業者の責めに帰することができない理由による返品を禁止しています（下請法４条１項４号）。これらの規制に関し公正取引委員会が公表している「下請代金支払遅延等防止法に関する運用基準」は，受入検査を下請事業者に文書で委託していない場合には，瑕疵の有無や返品期間内かどうかにかかわらず，すなわち返品期間内に瑕疵がある製品を発見した場合であっても，親事業者が下請事業者に製品を返品することができないと定めています。ここでいう文書とは，下請法の規制内容及び規制趣旨からすれば，受入検査を下請事業者に委託する旨が記載されているだけでは足りず，委託される検査の項目及び検査の基準が明記されているものを指すと考えられます。

そのため，親事業者に該当する買主が売主に対し検収業務を委託する場合には，検査項目・基準を明確に記載した文書をもって委託する必要があります。

# 5.3 調達先の信用不安

**Q** 当社が継続的に部品を仕入れている業者について，下請業者への支払いが滞っているという噂を聞きました。万が一の場合に備えて，どのような対応をしておくべきでしょうか。また，仮にこの業者が倒産した場合，どのような対応をすればよいでしょうか。

**A** 調達先の信用不安を把握した場合には，前払いの有無及び金額，貸与品の有無及び所在場所等を確認し，取引条件の見直し等の対応を検討します。

また，調達先の倒産に伴う部品等の供給ストップにより，製品を取引先に提供できない場合，損害賠償責任を負うことになりえます。そのため，平常時から，代替取引先を用意しておくことが肝要です。

仮に調達先が倒産した場合には，いわゆる「倒産解除条項」の有効性については争いがあることを踏まえつつ，破産管財人等，契約の履行・解除の権限のある当事者と交渉に臨むことになります。

貸与品の引上げには，貸与品の根拠となる契約の解除が必要となります。また，貸与品の紛失等によって回収できない場合には，債権届出書の提出をして，債権者としての対応を検討することになります。

調達先への損害賠償請求権と，未払報酬との相殺が必ずしも認められるわけでないことを踏まえつつ，破産管財人等と交渉をすることになります。

［解説］

## 1 調達先の信用不安時の対応

### ⑴ 本契約の内容確認

調達先の信用不安の情報に接した場合の初動対応としては，その調達先との契約の内容を確認することが重要です。

具体的には，前払いの有無及び金額，貸与品の有無及び所在場所，信用不安を理由とする契約の解除事由の有無等を確認する必要があります。

そのうえで，前払いが多い状態であったり，貸与品の所在場所が不明になっている等，その調達先が倒産手続に入ることで債権の未回収や自社財産の逸失といった損害発生のリスクが見受けられる場合には，すみやかに取引条件の見直しや，保全措置（調達先協力のもとでの現物確認等）を検討・実施することになります。

### ⑵ 代替取引先の検討

信用不安の兆候のある調達先から継続的に仕入れている部品等については，代替取引先を確保しておくことが重要です。

すなわち，依存していた調達先の倒産によって，部品等の供給がストップした場合，自社で製品を完成することができず，自社の取引先への納品ができないという事態が起きることが想定されます。もし自社が，代替取引先を用意していなかったために，調達先の倒産を理由に製品を納品できないということが起きた場合，自社に帰責事由が認められるのが一般的だと考えられます。そのため，最悪の場合，取引先に対して損害賠償義務を負うことになりえます。

平常時から調達先を分散させておくことが望ましいですが，それができていない場合には，調達先の信用不安の兆候を把握したら，すみやかに代替取引先の確保に着手することが望ましいです。

## 2　調達先の倒産時の対応

### (1)　倒産解除条項の有効性

調達先との間で取引基本契約を締結している場合，取引基本契約において，「取引の相手方が破産申立てをした場合，当該契約を解除できる。」との条項を定めていることがあります。このように，契約の相手方が破産手続等の法的倒産手続に至ったことを契約の解除事由とする条項を「倒産解除条項」といいます。

それでは，調達先が倒産した場合，今後，部品の品質について保証が受けられなくなること等の理由から，倒産解除条項に基づいて取引契約を解除し，すでに納品された部品等を返品するとともに，仕入代金の支払いを免れることは可能でしょうか。

この点，破産手続における倒産解除条項の有効性については，いまだ最高裁の判例はなく，学説上も争いがあるところです。無効とする説は，売買契約において売主が破産した場合に，買主が未払いの売買代金を免れるために，倒産解除条項に基づきその売買契約の解除を認めることは，本来破産財団（破産手続において，破産債権者への配当の原資となる財団）に帰属すべき財産が逸出する結果となること等を理由としています[1]。他方，有効とする説は，清算型の手続である破産手続においては，民事再生や会社更生といった再建型の手続と異なり，事業再建への影響がないことを理由としています。

破産手続では，契約当事者の双方が債務を履行していない契約（これを「双方未履行契約」といいます。）について，破産管財人に履行するか解除するかを判断する権限が付与されています（破産法53条１項）。倒産解除条項に基づき解除を検討する場合には，上記のとおり倒産解除条項の有効性に争いがあることを念頭に置きつつ，破産管財人の上記権限を制限しないかについて意識したうえで，適宜破産管財人と協議することが必要と考えます。

---

1　伊藤眞「片務契約および一方履行済みの双務契約と倒産手続－倒産解除条項との関係を含めて」NBL1057号36頁（2015）

### ⑵ 貸与品の引上げ

調達先が倒産をした場合，（もしあれば）貸与品の引上げの対応が必要になります。

貸与品は，調達先との一定の契約に基づいて貸与しているところ，調達先が破産手続等の法的倒産手続に移行したとしても，当然にその契約が解除されるわけではありません。

貸与品を引き上げる際には，破産手続の場合，破産管財人との間で契約解除を確認し，貸与品の具体的な引渡方法（日時・場所等）について協議して対応することになります。

なお，破産手続開始前の紛失等により貸与品を引き上げることができない場合には，貸与品の価額相当額の損害賠償請求権を有するとして債権届出を行い，破産手続において配当を受けることになります。この点，破産者による貸与品の紛失による損害賠償請求権は，破産手続上優先的に扱われるわけではありませんので，貸与品が重要な資産である場合には，日頃から紛失等がないように所在や状態を把握しておくことが重要となります。

### ⑶ 未払報酬と損害賠償請求権との相殺

調達先の倒産によって，部品等の継続的供給が受けられないことにより，緊急の対応に伴う部品等の調達価格の増加や，部品等を調達することができずに製品を製造できなかったことに伴う逸失利益等，具体的な損害が生じることが想定されます。

それでは，調達先に対して未払報酬がある場合，自社の調達先に対する損害賠償請求権との相殺を主張して，未払報酬の支払いを拒むことは可能でしょうか。

裁判例は，請負人の破産手続開始以後に破産管財人が破産法53条に基づいて請負契約を解除したところ，注文者が債務不履行に基づく損害賠償請求権との相殺を理由に出来高報酬の支払いを拒んだ事案において，相殺禁止を定めた破産法72条１項１号の類推適用により，注文者による相殺の主張を否定しています[2]。

もっとも，上記裁判例の射程は明らかではありませんので，調達先の破産によって生じた損害を具体的に算定したうえで，破産管財人との間で交渉を行うことが適切な対応と考えます。

2　東京地判平成24年３月23日判タ1386号372頁

## コラム10　海外からの調達

現在，自動車部品のサプライチェーンは，国内だけでなく海外にも広がっています。日本で製造される完成車であっても，その原材料や部品が海外で調達・製造されることは日常的となっています。そのため，日本国内の事象だけでなく，海外のさまざまな事象の影響を受けてしまいます。

たとえば，2018年頃から始まった米中貿易摩擦，2020年からのCOVID-19の蔓延，その影響を受けて深刻となっている半導体の不足，2022年のロシアによるウクライナ侵攻及びこれに伴う資源高，韓国の製鉄所の水没などがサプライチェーンに影響を与えています。それ以前も，タイにおける大規模洪水（2011年），日中関係の悪化（尖閣諸島問題）による中国での部品生産の停止（2012年以降）など，海外で起きたさまざまな事象により，日本国内の製造サプライチェーンが影響を受けた例は枚挙に暇がありません。

このように海外企業から原材料や部品の調達を行う場合には，どのような点に注意が必要でしょうか。

まず，海外からの調達の場合，原材料や部品の運搬を行う際の物理的な距離が問題となります。そのため，運搬を行う際や現地で起こりうる事象（たとえば，台風などの自然災害だけでなく，港湾のストライキなど）を踏まえたうえで，十分な在庫と納期を見込む必要があります。法的には，契約の成立の際に，納期の遵守に関する条項や違約金の定めがあるのか，実態として納期はどの程度の確度があるのかを注視する必要があります。

次に，自動車部品のサプライチェーンにおいては，継続的な取引関係があることが多いため，単発の取引の場合と異なり，取引の相手の信用が十分かを検討する必要は大きくないかもしれません。しかし，相手方の信用状況は刻々と変わっていくものですので，継続的な監視は必要となります。

また，海外企業との取引においては，日本円以外の通貨を使うことも多く，為替リスクについて注意が必要となります。昨今のような急激な為替の変動が起こる場合に備えておくことが望ましいです。

さらに，上記のとおり，原材料や部品の運搬を行う際の導線が長くなることにより，自然災害の影響を受けて原材料や部品の納入ができなくなった場合に，不可抗力事由（Force Majeure）を適用できるかという点が問題となることがあります。不可抗力事由とは，当事者の支配の及ばない事由をいい，典型的には，自然災害や法令等の変更，戦争などが挙げられますが，契約書の文言次第では，供給元の不履行や供給者の労働争議等も含まれる場合があります。これらの不可抗力事由によって当事者の義務が履行できなくなったとしてもその責任を負わない，というのが不可抗力条項です。不可抗力事由がどのような事象を含むかについては，その文言の内容によりますので，取引基本契約の確認にあたってよく見ておく必要があります（詳細については**3.10**を参照）。

加えて，日本国外の会社と契約を締結する際には，言語が日本語以外であったり，準拠法や紛争解決機関が日本法や日本の裁判所以外であったりすることも珍しくありません。言語については，その言語を十分に理解できる者が契約書の内容をしっかりとチェックすることが望ましいです。また，準拠法について日本法以外の法律を選ぶ場合には，その選択した法律に基づいて契約を解釈することになります。予想外の事象が起きないように，必要に応じてその法律の専門家の助言を得ておくことをお薦めします。さらに，紛争解決機関について日本の裁判所や仲裁機関以外を選択する場合には，海外で訴訟や仲裁の遂行をすることになります。ホームアドバンテージのない国での手続は，日本国内の会社にとっては大きな負担となることがあるので，そのような条件を受け入れられるかについてはよく検討すべきです。

# 5.4 継続的契約の解消

**Q** 当社には，1年ごとの契約更新で，20年以上部品を仕入れている業者があります。今般，取引基本契約書に基づき，終期の1カ月前までに解約通知を送り，契約を解除することになりました。解除にあたり，留意すべき点があれば教えてください。

**A** 継続的契約の解消は，裁判例上，契約書の定める要件に加えて，「正当な事由」が必要であるとされています。

この「正当な事由」の有無は，継続的契約解消の必要性，解消による相手方への影響の程度等の諸要素を総合考慮して判断されています。

継続的契約の各段階で，下記1(2)の考慮要素を意識した対応が必要です。契約締結段階では，更新条件の明確化や交渉過程の記録化，契約管理段階では，解消の必要性を基礎付ける事実の記録化や更新時の協議の機会の設定等が考えられます。

## [解説]

### 1　継続的契約の解消の可否

#### (1)　継続的契約の解消に関する制限

メーカーは，部品等の製造を委託しているサプライヤーとの間で，継続的に部品等の供給を受けることを内容とする契約を締結していることが少なくありません。そのような契約の形式として，本設問のように，一定期間を契約期間と定め，同一の契約を更新する形をとり，結果として長期間の契約が継続していることがあります。このように，長期にわたって継続的に部品等の供給や役務の提供を行うことを内容とする契約（以下「継続的契約」といいます。）について，当事者の一方から，更新の拒絶や契約書に定める解約事由を主張して解約することは可能でしょうか。

継続的契約も，企業間の取引ですので，契約自由の原則が前提になります。そのため，契約書の規定に従い，継続的契約の更新を拒絶することや，解約権を行使することは可能と考えるのが原則になります。

しかし，他方で，従前の多数の裁判例では，契約書の定める要件を形式的に満たすだけでは足りず，「契約を終了させてもやむを得ないと認められる事由」，「取引関係の継続を期待し難い重大な事由」，「正当な事由」等を，継続的契約の解消に要求する判断をしてきました[1]。そのため，継続的契約の解消にあたっては，これらの事由（以下「正当な事由」といいます。）を充足するかについての検討が必要になります。

#### (2)　裁判例上の考慮要素

従前の裁判例では，正当な事由の有無の判断は，以下の要素を総合考慮してなされています[2]。継続的契約の解消の可否を判断するにあたっては，その契

---

1　清水建成＝相澤麻美「企業間における継続的契約の解消に関する裁判例と判断枠組み」判タ1406号29頁（2015）
2　清水＝相澤・前掲注１）37-41頁

約の従前の経緯から，各要素に該当する事実を整理することが必要です。

#### ア　継続的契約解消の必要性

相手方に，契約違反や背信行為が存在する場合，継続的契約解消の必要性を基礎付ける事情として，解消を肯定する事情として考慮されます。

その他，相手方が原因で生じた意見対立について解消が困難であること，解消をする側の企業の財政状態の悪化，解消をする側の事情変更等が解消を肯定する事情として考慮されています。

#### イ　解消による相手方への影響の程度

継続的契約の解消による相手方の事業運営への影響が大きいことは，解消を制限する事情として考慮されます。

具体的には，解消の相手方が行った設備投資や販売体制の整備の内容，設備や販売体制の他の取引への転用可能性，その継続的契約解消後からの体制変更に要する期間等が考慮されています。

#### ウ　想定していた継続的契約の期間

当事者が想定していた期間より前の解消は，解消を制限する事情として考慮されることになります。

想定していた期間を推認する事情として，自動更新条項の有無，更新の際の手続の有無，実際の更新の回数・期間，相手方が立てていた事業計画の内容等が，裁判例上考慮されています。

#### エ　相手方の取引への貢献

継続的契約の当事者の一方が，相手方の取引に貢献していることは，信頼関係を醸成していることになり，解消を制限する事情として考慮されています。

もっとも，その継続的取引で想定されている役割の範囲内の貢献は，契約解消を制限する事情にはならないと考えられます。

#### オ　当事者間の力関係

当事者における取引の目的，取引の位置付け等から，当事者間の力関係が客観的に認められる場合，解消を制限する事情として考慮されます。

具体的には，解消される側が零細企業で，その継続的契約に事業に依存している力関係が認められる場合，解消を制限する事情として考慮されることになります。

#### カ　解消までの期間及び損失補償

継続的契約の解消までの期間が長いことは，解消に備えた対応をすることで損害を回避しうるとして，解消を肯定する事情として考慮されます。

また，解消にあたって，解消に伴う不利益を補填するための損失補償の有無を考慮する裁判例もあります。

### (3)　実務上の留意点

上記のとおり，継続的契約の解消には正当な事由が必要となりますので，継続的契約の締結段階から，正当な事由の考慮要素を意識しておく必要があります。

契約締結段階においては，契約解消に関する条項について積極的な理由が不要である文言とすることや，契約更新の条件（たとえば，一定取引金額の達成を条件とする等）を明確にしておくことが考えられます。また，契約締結の交渉過程において，その継続的契約が，当然に更新される性質の契約ではなく，解約がありうることが前提となっていたことを主張できるように，議事録・メール等で交渉経過を記録に残しておくことが考えられます。

また，契約管理段階では，契約違反があった場合には，放置せずに，是正を求めるとともに，その事実を記録として残しておくことが重要です。また，当然更新であったとの主張を相手方からされないように，更新ごとに相手方との協議の機会を設けることが考えられます。

## 2　本件における継続的契約解消の可否

本件の継続的取引では，20年以上自動更新で行われてきたことから，相当長期間の契約が前提であったと推認されます。また，本件では明らかではありませんが，相当長期間の契約であったことから，解消される相手方の売上全体に占める割合が多いことや，相手方がその継続的取引に依存していることが想定されます。

これらの事情に加え，本件では明らかではありませんが，たとえば，取引の相手方の納期遅れの具体的内容（頻度，遅滞の程度，改善に向けた取組状況等），それに伴う損害発生の有無等の事情による継続的契約解消の必要性を考慮し，正当な事由を充足するか否かを判断することになります。そして，見通しによっては，契約で定められているよりも解消までの期間を長めに設けて，相手方の損害発生を減らすようにすることや，一定の損失補償をすることを検討することになります。

**【図表】継続的契約の解消における考慮事由**

| 考慮要素 | 正当な事由の積極事情 | 正当な事由の消極事情 |
|---|---|---|
| 継続的契約解消の必要性 | 契約違反・背信行為の存在 | 相手方の債務不履行なし |
| 相手方への影響の程度 | 設備が転用可能 | 相手方の売上に占める割合が高い，設備投資 |
| 想定していた期間との関係 | 更新ごとに継続の協議をしている | 想定期間経過前の解消 |
| 相手方の取引への貢献 | 契約で想定している範囲内の貢献 | 固定客の獲得，営業成績への貢献 |
| 当事者間の力関係 | 規模が同程度 | 当該継続的取引に依存 |
| 解消までの期間・損失補償 | 体制整備に要する期間・損失補償の付与 | わずかの期間での解消，損失補填なし |

## コラム11 サイバー攻撃の脅威と備え

現代社会では，AI・IoTなどの情報通信技術がますます発展し，サイバー空間とフィジカル空間（現実空間）の高度な融合が進んでいます。製造業においても，開発・生産技術の高度化や社会・経済活動全体のデジタル化，人手不足などの諸課題に対応するため，工場の生産管理システムの高度化，受発注システムや生産設備のネットワーク化などが行われ，フィジカルな生産現場とサイバー空間の結びつきが強まっています。

このように企業活動のあらゆる場面に情報通信技術が浸透しつつある一方で，年々，サイバー攻撃は組織化し，その手口は多様化・巧妙化しており，サイバー攻撃のリスクは増大を続けています。自動車産業も例外ではなく，2022年２月，サイバー攻撃を受けた自動車部品メーカーにおいてシステム障害が発生し，その影響により，トヨタ自動車が国内全工場の稼働を１日間停止した事例[1]は，記憶に新しいところです。この事例における攻撃者は，自動車部品メーカーの子会社が使用していたリモート接続機器の脆弱性を利用し，社内ネットワークへ侵入したことが明らかになっています[2]。

「鎖の強さは，最も弱い環で決まる」。サプライチェーン全体がネットワークを通じてつながっている現代の取引社会では，サプライチェーンの中で最もサイバーセキュリティが弱い企業がサイバー攻撃の侵入口となります。規模の大小を問わず，サイバーセキュリティ対策は，すべての自動車部品メーカーにとって避けられない経営課題になっているのです。

ここで，サイバーセキュリティに関する日本の法制度を概観してみましょう。

サイバー攻撃については，犯罪として処罰するための法制度が整備されています。システムやネットワークへの攻撃は，不正アクセス禁止法（不正アクセス行為の禁止等に関する法律）の処罰対象とされており，コンピュータ・ウイルスなどのマルウェアの開発・使用は，刑法上の不正指令電磁的記録に関する罪として処罰されます。コンピュータに関する犯罪は，電磁的記録不正作出罪，電子計算機使用詐欺罪などの処罰対象です。また，サイバー攻撃に限定するものではありませんが，営業秘密の侵害については，不正競争防止法が刑事・民事上の保護を及ぼしています。

他方で，サイバー攻撃の脅威を受ける民間企業について，サイバーセキュリティ対策を具体的に義務付ける一般的な法律は存在しません。サイバーセキュリティに関する政府の基本的施策を定める法律として，サイバーセキュリティ基本法が制定されていますが，民間企業に対しては努力義務を課すにとどまっています。

もっとも，特定分野の情報については，これを保有する民間企業に対し，情報の適切な管理を講じることが義務付けられており，その一環として，サイバーセキュリティ対策が求められています。個人情報（個人情報の保護に関する法律）や従業員の健康情報（労働安全衛生法），クレジットカード情報（割賦販売法）などが，その具体例です。

また，会社法は，大会社の取締役に対し内部統制システムの構築義務を課しているところ，その内容として，サイバーセキュリティ対策も含まれうると考えられています。大会社以外の取締役についても，善管注意義務の一環として，サイバーセキュリティ対策を行う責務が生じうると考えられます。

このように，日本の法制度は，民間企業に対しサイバーセキュリティ対策を具体的，一般的に義務付けるには至っていません。しかし，企業活動における情報通信技術の利用状況や現実にサイバー攻撃を受けたときの被害の大きさなどを踏まえると，企業の活動内容に応じたサイバーセキュリティ対策の実施は，法的観点（たとえば取締役の責任，顧客・取引先に対する契約上の責任など）から見ても避けがたい取組みであり，ある種の「義務」といっても過言ではありません。また，EUやアメリカ，中国などでは，民間企業へのサイバーセキュリティ対策の義務付けを含む法制度が整備されており，日本においても，同様の方向に進むことが予想されます。

サイバーセキュリティ対策に関する取組みは，平時から行う体制・ルール整備とインシデント発生時の有事対応に大別されます。経済産業省・独立行政法人情報処理推進機構（IPA）が公表している「サイバーセキュリティ経営ガイドライン」などの資料を参考に，自社のサイバーセキュリティリスクを特定し，そのリスクに応じた具体的な対策を講じていくことになります。社内ルールの整備やサイバー攻撃を受けたときの事業継続計画（IT-BCP）の作成，従業員教育は当然として，万が一への備えとして，サイバーリスクに起因する損害の填補を内容とする保険商品の利用も検討に値するでしょう。

サプライチェーンにおけるサイバーセキュリティリスクについていえば，仕入先・委託先の選定時にサイバーセキュリティ対策を審査（チェックリストの利用，インタビューの実施，第三者認証の確認などの手法が一般的です。）し，契約書でもサイバーセキュリティに関する監査，インシデント発生時の報告・協力義務，再委託の制限などの条項を設けることを検討するべきです。

1　トヨタ自動車株式会社HP「2022年３月 国内工場の稼働について（2/28時点）」
https://global.toyota/jp/newsroom/corporate/36960974.html

2　小島プレス工業株式会社「システム停止事案調査報告書（第１報）」（2022年３月31日）
https://www.kojima-tns.co.jp/wp-content/uploads/2022/03/20220331_%E3%82%B7%E3%82%B9%E3%83%86%E3%83%A0%E9%9A%9C%E5%AE%B3%E8%AA%BF%E6%9F%BB%E5%A0%B1%E5%91%8A%E6%9B%B8%EF%BC%88%E7%AC%AC1%E5%A0%B1%EF%BC%89.pdf

# 6．保証・責任

本章では，部品の品質・性能や，部品に関する知的財産の権利関係に問題が生じた場面の法律問題を取り上げます。

顧客に納品した部品の品質・性能が約定よりも劣っていれば，納品した業者の責任問題となることはもちろんですが，品質・性能の劣る自動車部品が自動車に組み込まれ，完成車として市場に流通してしまった場合には，より大きな問題が生じます。自動車の安全は私たちの生活に大きな影響を及ぼすため，欠陥がある自動車については，法律上特別な対応がとられることになるのです。

# 6.1 不適合品

**Q1** 納品した自動車部品が検収に不合格となり，不良品であるとして納入先から返品されてしまいました。どのような場合に不適合品となるのでしょうか。契約不適合責任について教えてください。

**Q2** 納品者が契約不適合責任として損害賠償責任を負う場合，納入先が被った損害のすべてを賠償しないといけないのでしょうか。

**A1** 製品が契約で合意した要求内容を満たしておらず，検収に不合格となった場合や不良品が返品された場合，不適合品となり，売主は契約不適合責任を果たすことを求められます。

売主は，契約書の定め（条項）に従って，買主からなされた不適合品の修補請求，追完請求，代金減額請求などに応じる必要があります。場合によっては，買主から損害賠償請求，契約解除がなされることもあります。

契約書に契約不適合に関する条項があれば，その条項によりますが，法令上は，売主が不適合品であることを知っていた場合等を除き，買主は，ただちに売主に対して不適合品を発見した旨の通知を発しなければ，これらの請求ができません。また，契約不適合をただちに発見することができない場合は，納品から6カ月以内にその不適合を発見し，ただちに通知しなければなりません。

**A2** 売主が契約不適合責任として損害賠償を行うのは，買主が被った損害と売主の契約不適合との間に相当因果関係がある場合に限られます。請求できる損害の範囲は，債務不履行によって通常生じる損害と当事者がその事情を予見すべきであった特別の損害です。

損害の発生について買主にも過失がある場合，賠償すべき金額が減額されることがあります（過失相殺）。また，買主が不適合品に関し，保険金を受け取った場合には，損害額から保険金として得た額を控除することができます（損益相殺）。

［解説］

## Q1

### 1　不適合品とは

一般に不良品とは，その物が本来果たすべき用途を満たさない品物全般のことをいいます。これに対し，「不適合品」とは，規定した要求事項を満たしていない品物のこと，すなわち，生産した製品や部品が，あらかじめ定められている基準を満たしていない状態をいいます。

自動車部品の購買契約においては，合意内容として，製品の数量，品質，性能，仕様などが定められています。そもそも，製造者である売主の品質管理の過程において，不適合品は排除されるので納品されないはずですが，何らかの事情で納品されてしまうこともあります。そこで，部品の納品後，この求められる品質や性能について，買主が確認します。この手続を検収といいます（なお，検収の方法や基準については5.2を参照）。この検収で不合格となった場合，納入品は不適合品として返品されます。

### 2　契約不適合責任の内容

#### (1)　契約上の不適合責任

製品が契約で合意した要求内容を満たしておらず，検収に不合格となった場合の対処方法や不適合品が返品された場合の契約不適合責任として，売主は，契約書の定め（条項）に従って，買主からなされた不適合品の修補請求，追完請求，代金減額請求などに応じることになります。つまり，不適合品を補修して再納品するか，代替する適合品を納品するか，代金を減額することになります。場合によっては，買主から損害賠償請求，契約解除の申出を受けることもあります。

ただし，買主が検収を怠り，あるいは検収を実施したものの不合格の通知を怠った場合には，買主から売主に対する契約不適合責任の追及が制限されることがあります（商法526条２項）。

### ⑵ 法令上の契約不適合責任

契約不適合責任に関する条項が契約書に記載されていない場合，記載があっても不十分な場合，あるいは契約書を取り交わしていないために具体的責任内容が明らかでない場合には，民法や商法に規定された権利義務が発生します。以下，民法や商法が適用される前提で解説をします。これらの原則的な処理を修正したい場合には，その旨を契約書に記載することが必要となります。

#### ア 買主の追完請求（修補・代替物の引渡し・不足分の引渡しによる追完）

納品した部品が種類，品質又は数量に関して契約に適合しないものであるときには，民法562条１項により，買主は，売主に対し，目的物の修補，代替物の引渡し又は不足分の引渡しによる履行の追完を請求することができます。2020年の改正民法により，法律上も追完請求が可能になりました。

このように，買主は契約不適合の場合，修補，代替物の引渡し又は不足分の引渡しによる追完を請求することができますが，売主は，買主に不相当な負担を課するものでないときは，買主が請求した方法と異なる方法による履行の追完をすることもできます（民法562条１項但書）。つまり，買主から部品の修補を求められたとしても，代替品が手元にあれば，代替物を引き渡すことで義務を果たすことができます。

もっとも，買主の責任で部品が不適合品となったときには，買主は，目的物の修補，代替物の引渡し又は不足分の引渡しによる履行の追完を請求することができないとされています（民法562条２項）。

#### イ 買主の代金減額請求

2020年の改正民法により，法律上も代金減額請求が可能になりました。

不適合品について，買主が相当の期間を定めて目的物の修補，代替物の引渡し又は不足分の引渡しによる履行の追完の催告をしたにもかかわらず，その期間内に売主から履行の追完がないときは，買主は，その不適合の程度に応じて代金の減額を請求することができます（民法563条１項）。

もっとも，①履行の追完が不能であるとき，②売主が履行の追完を拒絶する意思を明確に表示したとき，③契約の性質又は当事者の意思表示により，特定の日時又は一定の期間内に履行をしなければ契約をした目的を達することができない場合において，売主が履行の追完をしないでその時期を経過したとき，④そのほか，買主が催告をしても履行の追完を受ける見込みがないことが明らかであるときには，買主は，催告をせず，ただちに代金の減額を請求することができます（民法563条２項）。

ただし，買主の責任で部品が不適合品となったときには，買主は，代金減額請求をすることができないとされています（民法563条３項）。

### ウ　買主の損害賠償請求

売主が不適合品について，目的物の修補，代替物の引渡し又は不足分の引渡しによる履行の追完をした場合であっても，不適合品の納品により買主に損害が発生した場合には，民法415条の規定により，買主から損害賠償請求されることがあります（民法564条）。

### エ　買主の解除権

売主が買主からの契約不適合責任の追及に対して適合品の追完を履行しない場合や，不適合品の納品により買主が契約の目的を達成することができなくなるような重大な不適合があった場合などには，買主から購買契約を解除されることもあります（民法564条，541条，542条）。

### オ　買主が契約不適合責任を追及できる期間

不適合品を納品した場合，売主は，買主から上記のような契約不適合責任を追及されることになりますが，民法では，この責任を追及するには，買主はその不適合を知った時から１年以内にその旨を売主に通知しなければならないとされています。つまり，１年以内に通知しないときは，買主は，その契約不適合を理由として，履行の追完の請求，代金の減額の請求，損害賠償の請求及び契約の解除をすることができなくなります。ただし，売主が納品の時にその不適合を知っていたとき又は重大な過失によって知らなかったときは，このような制限はかかりません（民法566条）。

なお，改正前の民法下では，「損害賠償請求権を保存するには，少なくとも，売主に対し，具体的に瑕疵の内容とそれに基づく損害賠償請求をする旨を表明し，請求する損害額の算定の根拠を示すなどして，売主の担保責任を問う意思を明確に告げる必要がある。」[注]と解釈されていましたが，改正民法では，請求する損害額の算定の根拠を示すことなどは要件とされておらず，買主がしなければならない通知の負担が軽減されています。

この点，自動車部品の購買取引は商人間の取引ですので，商法が優先的に適用されます。

商法によれば，買主は，その売買の目的物を受領したときは，遅滞なく，その物を検査しなければならないとの定めがあり（商法526条１項），売主が不適合品であることを知っていた場合を除き，不適合品を発見したときは，ただちに売主に対してその旨の通知を発しなければ，その不適合を理由とする履行の追完の請求，代金の減額の請求，損害賠償の請求及び契約の解除をすることができないとされています。なお，契約不適合をただちに発見することができない場合においては，買主が６カ月以内にその不適合を発見し，ただちに通知しなければ契約不適合責任を追及できなくなります（商法526条２項，３項）。

また，買主が契約不適合の事実を知った時（主観的起算点）から５年，売買目的物の引渡しを受けて（客観的起算点）から10年を経過すると，消滅時効により買主の請求権は消滅します（民法166条１項）。

---

**注**　最判平成４年10月20日民集46巻７号1129頁

# Q2

## 1　損害賠償の要件

契約不適合により買主が損害を被ったことについて，損害賠償請求をする場合には，契約不適合と買主が被った損害との間に相当因果関係があることを買主が主張・立証する責任を負います。

ある事実があれば，通常そのような結果が生じるといえるような関係がある場合のことを相当因果関係があるといいます。

債務の不履行に対する損害賠償請求ができる損害の範囲は，債務不履行によって通常生ずべき損害（民法416条１項）と当事者がその事情を予見すべきであった特別の損害（特別の事情によって生じた損害）（民法416条２項）です。

たとえば，買主が不適合品を修補のために運搬する途中，運搬していたトラックが壁にぶつかり，一緒に運搬していた適合品も破損してしまった場合について考えてみると，不適合品がなければ修補のために運搬することはなかったといえるものと考えられます。しかし，運搬中にトラックが壁にぶつかることは通常予見すべき内容ではないから，トラックの事故によって発生した特別の損害（適合品の破損による損害）を売主に請求することはできません。

## 2　過失相殺

過失相殺とは，契約の一方当事者に契約違反があった場合において，その相手方当事者に過失があった場合，それを考慮して損害賠償の責任及びその額を定めるというものです（民法418条）。

たとえば，売主の品質管理に問題があり，ある不適合品が納品された場合において，買主がきちんと検収をしておらず，それが不適合品であることに気がつかずに後工程の製品を製造した結果，その製品が不適合品となって損害が発生したようなときには，損害賠償の金額を決めるにあたって，買主側の過失（事情）により損害が発生した側面もあるので，この事情も相応に考慮され，損害額が減額されることになります。

実際に過失相殺を主張する場合には，相手方にどのような過失がどの程度あったのかを，過失相殺により自己の損害額を減らしたい当事者が主張・立証しなければなりません。そのため，不適合品の問題が生じた場合には，その原因についてすみやかに調査をし，相手方の過失についても主張できるようにしておくことが肝要です。

## 3　損益相殺

損益相殺とは，契約違反や損害の発生に関連して損害賠償請求権者が何らかの利益や補償を受けた場合，その利益や補償の額を損害額から控除するというものです。

たとえば，不適合品の納品を受けたことにより損害を被った買主が，その損害に関して保険金を受け取ったような場合です。保険金によって填補された部分については，売主に対して損害賠償を請求することができません。また，買主が契約違反に関連して何らかの支出を免れることとなった場合，その免れた支出に相当する金額も損害額から控除されます。

実際に損益相殺を主張する場合には，相手方にどのような利益がどの程度あったのかを，損益相殺により自己の損害額を減らしたい当事者が主張・立証しなければなりません。そのため，不適合品の問題が生じて損害賠償請求がなされた場合には，相手方の保険金受領の有無などにも注意を払うとよいでしょう。

# 6.2 保証期間

**Q** 当社は自動車部品の製造に参入することになりました。自動車部品の保証期間についての基本的な考え方を教えてください。

**A** 自動車部品の製造に関する「保証」には，「品質保証」と「アフターサービス」とがあります。

いわゆる「品質保証」とは，自社製品が求められた品質を保持しているかを確認し，納品後も顧客に安心や満足を保証するための体系的な活動をいいます。品質保証については，仕様書で耐用年数などが定められています。

他方，製品を正しく使用していて不具合が発生した場合に，保証期間内で保証の対象範囲であれば無償修理等を受けることができることを「アフターサービス」といいます。完成車メーカーの一般保証と特別保証に有料オプションの保証期間を含めると，ユーザーが新車を購入した後，少なくとも７年間はいつでも部品が供給できるようにしておく必要があるため，部品サプライヤーにはそれらの供給責任が求められることがあります。

[解説]

## 1　品質保証

いわゆる「品質保証」とは，自社製品が求められた品質を保持しているかを確認し，納品後も顧客に安心や満足を保証するための体系的な活動をいいます。具体的には，保証の根拠となるデータのチェックや調査，クレーム対応などの業務が該当し，各部門へのフィードバックを通じて，顧客が満足できる品質の確保に努めます。

購買契約においては，品質保証条項で必要な品質を「別途合意した仕様書に適合する品質」と明示することで「債務の本旨」，すなわち納入品にどのような品質が求められているのかが明確にされます。

たとえば，パワーステアリングシステムの製造委託契約において，付随する仕様書で「パワーステアリングシステム内のシャフトの面粗さの規格をRa0.065以下」と定められ，それが合意されれば，その規格の品質が求められます。この品質に至らない場合，売主の債務不履行となります。

## 2　アフターサービス（メーカー保証）

販売店や完成車メーカーが定めている保証は，ユーザーサービスとして自主的に定めたもので，保証期間や保証内容は事業者ごとに異なります。「アフターサービス」は，一般的に製品を正しく使用していて不具合が発生した場合に，保証期間内で保証の対象範囲であれば無償修理等を受けることができるとされるものです。ただし，保証期間内でも，修理するために必要な送料や出張サービス等の料金をユーザー負担としている事業者もあります。

このメーカー保証には，一般保証と特別保証があり，完成車メーカーの一般保証は，新車を登録した日から３年間，もしくは走行距離が６万㎞のどちらか早い方までとされる例が多いです。一般保証は，エアコンや純正ナビなどの電装部品を含め，ほとんどの部品が保証対象となります。ただし，消耗部品やオイル，特別保証部品などについては対象外となります。

他方，エンジン機構やステアリング機構，乗員保護装置など，クルマの走行や安全に関わる重要な部品については，特別保証として，新車を登録した日から５年間，もしくは走行距離が10万kmのどちらか早い方まで保証期間が継続するのが一般的です。

さらに，完成車メーカー各社の販売店では，この保証期間を２年間延長する有料オプション商品を販売しているところもあります。

これらの保証を前提とすると，完成車メーカーは，ユーザーが新車を購入した後，少なくとも７年間はいつでも部品が供給できるようにしておく必要があります。ただし，完成車メーカーは，部品サプライヤー（さらにその協力サプライヤー）に対して，より長期間，部品の供給ができる状態を維持することを求める例が多いです。

# 6.3 リコール

**Q1** 当社は２次サプライヤーです。当社が製造した部品を使用した車種について，当社の部品が原因でリコールの対象となりそうです。１次サプライヤーから対応を求められたのですが，何をどのようにしたらよいでしょうか。仮にリコール対象となった場合，どのくらいの賠償金を払わなければならないのでしょうか。

**Q2** 当社は２次サプライヤーです。当社が納品した部品を搭載した車種がリコール対応となりました。当社が納品した部品には調達先（３次サプライヤー）から納品された部品が組み込まれており，リコール対象となった理由が，調達先から納品された部品に問題があったためであった場合，調達先の責任を追及することができるでしょうか。その場合，何をどこまで請求できるのでしょうか。

**A1** まずは，自動車の不具合について完成車メーカーにおいて行う調査や検討に協力を求められたときは，これに応じて原因の調査や検討を行います。

調査・検討の結果，貴社が製造した部品に不具合が見つかり，リコールとなった場合には，まずは，貴社は不具合のない部品を納品しなければなりません。

さらに，調査等に要する費用，通知や周知に要する費用，再調達に要する費用，物流費用，修理費用，廃棄費用など，リコール発生により生じた損害を賠償する責任を負う可能性があることになります。

**A2**　まずは，調達先にその旨を説明し，不適合品の現物，現場，現実を確認させ，選別・選定をさせることができます。

次に，不具合のある部品は調達先へ返品し，代替品（良品）の納品を請求することができます。

さらに，損害賠償請求ができます。貴社に責任がない場合，原則として，発生したすべての損害を調達先に請求することができます。

もっとも，代替品調達先の有無，今後の取引の必要性，自社の規模，経営体力，備えの程度及び地域経済への影響などを総合的に考慮して，実務上，調達先に100％の負担をさせることなく解決することが望ましい場合もあります。

[解説]

**Q1**

## 1　リコール

「リコール」とは，同一型式の一定の範囲の自動車について，その構造，装置又は性能が安全確保及び環境保全上の基準である「道路運送車両の保安基準」（国土交通省令で規定され，以下「保安基準」といいます。）の規定に適合しなくなるおそれがあると認める場合であって，その原因が設計又は製作過程にあると認められるときに，販売後の自動車について，保安基準に適合させるために必要な改善措置を行うこと[1]で，事故・トラブルを未然に防止する制度です。設計・製作過程に問題があったために，完成車メーカーが自らの判断により，国土交通大臣に事前届出を行ったうえで回収・修理を行います。

1　国土交通省「日本の自動車リコール制度」2頁

【図表】リコール届出の流れ

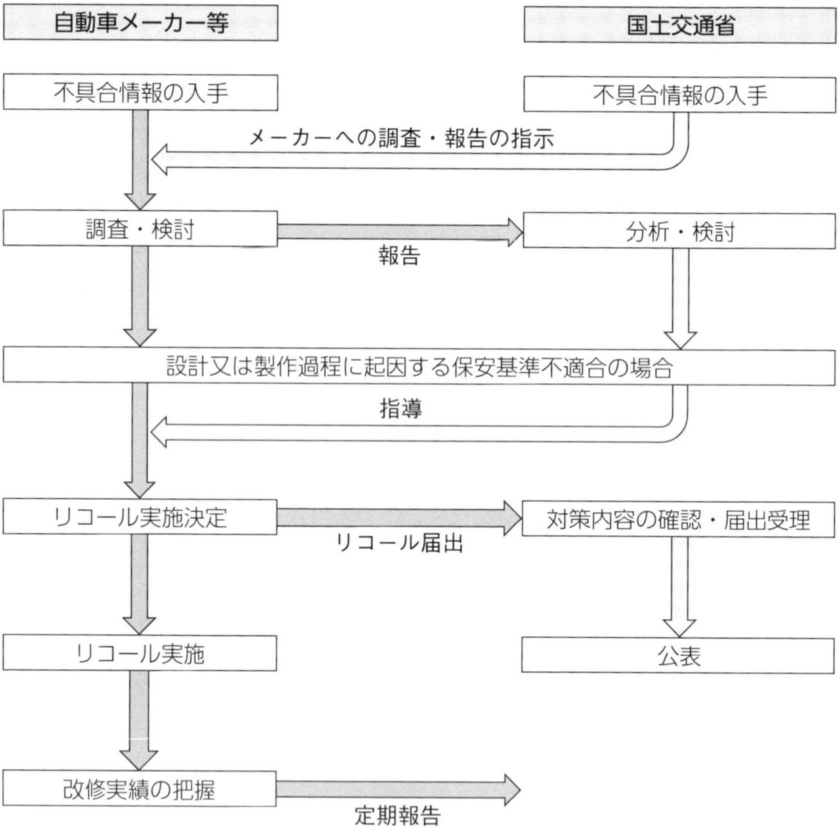


（出所）国土交通省「リコール制度の概要について」をもとに作成

完成車メーカーがリコールを行う場合には，あらかじめ国土交通大臣に，①その状態又は適合していない状態にあると認める構造，装置又は性能の状況及びその原因，②改善措置の内容，③使用者及び整備事業者へ周知させるための措置を届け出なければなりません（道路運送車両法63条の3，同施行規則51条）。

リコール隠し（届出をしなかったり，虚偽の届出をしたりすること）をした個人は，1年以下の懲役若しくは300万円以下の罰金又はこれらを併科され（道路運送車両法106条の４第２号），会社には，２億円以下の罰金が科されます（道路運送車両法111条１号）。

国土交通省のHP[2]によれば，リコール届出件数及び対象台数は，令和元年度が415件（1,053万4,492台），令和２年度が384件（661万557台），令和３年度が369件（425万7,931台）となっています。

## 2　具体的対応

完成車メーカーは，ユーザーから不具合の報告があった場合，その原因を調査し，検討します。

また，不具合の報告が国土交通省へ入った場合，国土交通省から調査・検討を求められることもあります。調査・検討の結果，上記のリコールの要件に該当する場合には，リコールの届出等具体的な対応がなされます。リコールの場合，部品の交換や修理を行うため，個別の自動車ユーザーに連絡するとともに，広く周知します。

完成車メーカーにおいてその原因を調査する場合，部品メーカーにも協力を求めることがあります。その場合は，部品メーカーも試験などの求められた調査に協力することが一般的だと思われます。

この調査により原因が判明したら，その不具合について改修又は修理対応のため，その原因が除去された部品を製作し，納品します。

たとえば，低圧燃料ポンプの成形条件に不具合があり，変形するおそれがあるとしてリコールとなった場合には，成形条件を変更し，不具合のないポンプを納品します。

## 3　損害賠償

リコール対応には，調査等に要する費用，通知や周知に要する費用，再調達に要する費用，物流費用，修理費用，廃棄費用などの費用がかかります。

2　国土交通省自動車局審査・リコール課「各年度のリコール届出件数及び対象台数」

もしある部品がリコールの原因となり，そのような部品を製作した責任がすべてある部品メーカーに帰せられる場合であれば，これらすべての損害を，原因となった部品を製作した部品メーカーが負担しなければなりません。

たとえば，不具合のあった部品を一つ30円で１万個納品していた場合（30円×１万個なので売上は30万円）において，その部品を使用したモジュール１個が５万円であり，モジュールごと交換しないと修理ができないときには，仮に１万台がリコール対象となると直接の損害額だけで５億円（５万円×１万台）となります。これに上記のような損害を加えると，10億円以上の損害が発生する可能性があります。

ただし，調査を行ったとしても，必ず原因が判明するというものではなく，結果との因果関係がはっきりしない場合や，複合的な要因による場合がありますし，また，製造段階だけでなく，設計段階での問題があった場合であれば，その部品の設計をどの当事者がどのような形で作り上げたかという点も問題となりえます。このように，実務上はどの当事者の責任であるかを確定することも困難を伴うことが少なくありません。

もっとも，昨今では，部品の共通化，すなわち，使用するモジュールの共通化が進んでいるため，不具合があるとリコール対象車種の範囲が広くなり，巨額の損害が発生しうる状況にあります。そのため，安全性が確保できるように設計段階での試作を十分に行うことや，部品の製造工程で不良品を出さない工夫をしたり，検査により不良品を出荷しないようにすることがより重要になっています。そして，これらのような対策に加えて，万一の場合に備えて現預金を内部留保したり，リコール保険に加入したりすることが望ましいといえます。

なお，リコール対応費用のほか，製品の不具合によってユーザーに損害が発生したときには，製造物責任法（PL法）などにより，その損害についても賠償の責任を負うことがあります（製造物責任については6.5を参照）。

# Q2

## 1　不具合の確認・選別

リコール対応となった理由が調達先（３次サプライヤー）から納品された部品に問題があったためと判明した場合，調達先にその旨を説明し，不適合品の現物，現場，現実を確認してもらうことが最初のステップとなります。調達先の従業員に来社を促し，納品済みの部品について，その場で不適合品を確認してもらいます。そこで選別・選定をさせることができれば，選別・選定の責任が調達先にありますので，責任の所在を明確にすることができます。

しかし，現実には，納品量が多く，納品先で不適合品の確認をするのは困難を伴うため，調達先が自社へ持ち帰り，不適合品を確認することもあります。

## 2　返品と代替品請求

民法では，目的物が種類，品質又は数量に関して契約の内容に適合しないものであるときは，買主は，代替物の引渡しを請求することができると定められています（民法562条１項本文）。取引基本契約でも，このように契約の内容に不適合がある場合には，代替物の引渡しを請求できるとする規定が含まれていることが多いです。そのため，発注者としては，不具合のある部品を調達先へ返品し，代替品（良品）の納品を請求することができます。

なお，このときの費用は，（調達先の責任であることが判明すれば）調達先の負担とすることになるでしょう。

このような場合に，すみやかな対応を要求できるようにするためにも，不具合が発生したときに返品・代替品の請求ができること，その際の費用は調達先が負担することなどを，あらかじめ取引基本契約書や購買契約書で明らかにしておくことが重要であると考えられます。

逆に，調達を請け負っている立場であれば，契約不適合が発生した場合に可能な対応の範囲や内容をあらかじめ取引基本契約書や購買契約書で明らかにしておくことで，負担する責任や費用を最小限とすることが可能となります。

## 3　損害賠償請求

リコール対応となった原因が調達先にある場合，リコール対応のために負担した費用は，すべて調達先に請求することができます（民法564条，415条）。この場合，発注者に全く責任がなければ，相当因果関係のあるすべての損害について賠償請求することができます。

どの範囲で損害が認められるかは個々の事情によりますが，たとえば，社内の対応に費やした時間，工数の単価，人件費，設備・ラインのチャージ料，生産予定数に対する実績生産数との産出差の損益金額，生産が一時停止した場合にはその時間と見込生産量の保証，光熱費，運搬費などについて賠償の請求をすることが考えられます。

調達先にすみやかに対応してもらうためには，この損害賠償の取決めについても，あらかじめ取引基本契約書や購買契約書で明らかにしておくことが重要です。

逆に，調達を請け負っている立場であっても，同様に損害賠償の取決めについて，あらかじめ取引基本契約書や購買契約書で明らかにしておくことは重要であり，その立場であれば，損害額の上限を定める等して損害賠償の範囲を限定できるよう定めておくことが望ましいです。

## 4　実務上の留意点

上記のように，リコールの原因が部品の調達先にあることが判明したときの各種の責任は，調達先に負わせることが原則です。

しかしながら，調達先の規模や備えの程度によっては，これらの損害賠償やリコール対応に耐えられないことがあります。そのようなときには，代替品調達先の有無，今後の取引の必要性，自社の規模，経営体力，備えの程度及び地域経済への影響などを総合的に考慮して，実務上，調達先に100％の負担をさせることなく解決することが望ましいこともあります。

# 6.4 知的財産権の侵害

**Q1** 当社が製造している製品に関し，他社から，知的財産権の侵害であるとの通知書が届きました。どのように対応すればよいですか。

**Q2** 調査の結果，当社が他社の特許権を侵害していることがわかりました。この場合，どのような責任を負うことになりますか。

**Q3** 調査の結果，当社としては他社の権利を侵害していないと判断しました。この場合の対応とその後の進行はどのようになりますか。

**A1** まずは情報収集を行いましょう。特許などの登録されている知的財産権の場合は，一般公開されているデータベース（J-PlatPat）から，登録情報を確認します。また，自社の製品はもちろん，権利侵害を主張している他社の製品も収集し，権利侵害の有無を分析します。

**A2** 特許権侵害がある場合は，特許の実施を中止する必要があり，特許の実施により製造された製品の処分も必要になります。また，損害賠償責任が発生します。

**A3** それでもなお他社が権利侵害を主張するのであれば，仲裁手続や裁判手続などを利用して紛争の解決を行っていくこととなります。

［解説］

## 1　権利侵害との通知が来た場合の対応

自動車産業において問題となりやすい知的財産権は特許ですので，ここでは特許を例とします。

登録された特許権について，特許権者から許諾を得ずに実施した場合，特許権侵害となります。特許権の実施とは，典型的には，特許権の対象物を生産，使用，譲渡するなどの行為を指します。

侵害品を製造した場合，その物を製造した会社が特許権侵害者となります。また，その侵害品を納品して自動車を生産した場合は，その完成車メーカーも特許権侵害者となると考えられます。

他社から特許権侵害の通知が来た場合，他社は自社の製品やカタログなどの情報を収集したうえで通知をしていますので，自社も同様にその特許や製品などの情報収集を行います。他社が主張する特許については，データベース（J-PlatPat）を利用して確認することができます。

そして，得た情報をもとに自社製品について特許権侵害の有無を分析しますが，判断が難しいケースや訴訟などが想定されるケースについては，この分析の段階から弁護士や弁理士と共同で対応を行うことも検討しましょう。

## 2　権利侵害を行った場合の責任

### ⑴　特許権者に対する責任

特許権侵害が認められた場合，製造及び販売の差止め（特許法100条），及び損害賠償（民法709条）という責任を負うこととなります。

損害賠償は，特許権者に発生した損害を賠償することとなりますが，その損害額の算定は容易ではありません。そこで，特許法は，損害賠償額の算定を助ける規定を置いています（特許法102条）。大きく分けると，①販売数量減少による逸失利益＋生産能力を超える部分はライセンス料相当額，②侵害者が得た利益，③ライセンス料相当額となります。

### ⑵　製品の納品先に対する責任

完成車メーカーと部品メーカー，部品メーカーとその下請との間の契約書には，知的財産権が発生した場合の対応について記載されていることが通常ですので，基本的にはその契約条件に従って対応していくこととなります。

たとえば，完成車メーカーが差止請求や損害賠償請求を受けた場合には，部品メーカーは協力して対応にあたります。その結果，完成車メーカーが損害賠償金を支払ったときは，その金額を部品メーカーが填補することとなります。

このような条項になっていることが多いため，部品メーカーとしては，自社を保護するためにも完成車メーカーと協力して対応していくこととなります。

### ⑶　自社の対応

特許権侵害があると判断した場合には，特許権を侵害しないように製品を改良することも考えられますが，特許権者とライセンス契約締結の交渉を進めていくことも考えられます。

ライセンス契約を締結する場合には，ライセンス料の算定方法や，過去に製造販売した製品のライセンス料の清算について交渉することとなります。

ライセンス契約が締結できない場合は，侵害品の製造を中止し，在庫を廃棄することとなります。また，損害賠償に関しては，特許権者側がどの程度の請求をしてくるのかにもよりますが，侵害者側としては，適切な落とし所を探るために交渉を進めていくこととなります。

交渉の結果，合意ができれば事件は終結しますが，合意に至らない場合は，訴訟などの法的手続によって解決をしていくこととなります。

## 3　権利侵害はないと判断した場合

調査の結果，自社製品などについて，他社の特許を実施していないと判断した場合は，特許権者に対し，特許権侵害を行っていないと回答することとなります。

また，他社の特許権に何らかの無効原因が存在する可能性がある場合には，特許権は無効であるという理由で，特許権侵害を行っていないと主張することも考えられます。

自社からの回答により特許権者が納得すればそのまま終了となりますが，そうでない場合には，仲裁や訴訟などの法的手続によって解決を図ることとなり，そこで，自社の製品が特許権を侵害していないことを明らかにしていくこととなります。

# 6.5 製造物責任

**Q**　自動車運転中に発火等が発生しました。この事故については，現在，完成車メーカーが対応しており，事故が発生した自動車と同じ型式の自動車のリコールに向けて準備を進めています。
この事故の原因として，自社が１次サプライヤーとして納入した部品に欠陥があったことが判明した場合，どのような責任を負う可能性があるのでしょうか。納入した部品は，２次サプライヤーに製造させている特注品です。

**A**　完成車メーカーが消費者（事故の被害者）に対して一次的な対応を行っていても，自己が納入した部品の欠陥が原因で損害が生じているということであれば，１次サプライヤーも責任を負う可能性が高く，今後完成車メーカーより求償権を行使されるおそれがあります。行使される求償権の範囲については，その欠陥の内容や性質，使用態様等に加え，完成車メーカーやその取引先等の企業間で，契約上定めた負担割合にも影響されますので，個別具体的な判断となりますが，完成車メーカーに過失がない場合には，一般に１次サプライヤーの責任が大きくなるといえるでしょう。

なお，仮に１次サプライヤーが責任を負い，損害を賠償した場合には，欠陥のある部品を製造した２次サプライヤーに対して求償権を行使することが通常です。したがって，１次サプライヤーは，欠陥のある部品を製造した２次サプライヤーに求償権を行使した部分を除く部分について，最終的な損害賠償責任を負うことになります。

[解説]

## 1 「製造物の欠陥」

製造物責任法は，民法の特則であることから，民法上の不法行為の立証で求められる加害者の故意・過失の立証が不要となります。そのため，製造物の「欠陥」を立証することで製造業者等へ損害賠償請求ができることとなります。

ここで製造物の「欠陥」とは，「製造物が通常有すべき安全性を欠いていること」をいいます。そして，「製造物が通常有すべき安全性を欠いている」かは，「当該製造物の特性，その通常予見される使用形態，その製造業者等が当該製造物を引き渡した時期その他の当該製造物に係る事情を考慮して」（製造物責任法２条２項），個別に判断されることとなります。

本件では，１次サプライヤーが納入した部品に欠陥があることが判明したとのことですので，「製造物の欠陥」に該当する可能性が高いでしょう（なお，製造物責任法の各要件の詳細については，2.4を参照）。

## 2 責任主体

製造物責任法上，消費者は，以下の①ないし③に該当する者に対して，損害賠償請求を行うことができます[1]。

| |
|---|
| ① 「製造物を業として製造，加工又は輸入した者」（製造物責任法２条３項１号）<br>② 「自ら製造業者として製造物にその氏名等の表示をした者又は製造物にその製造業者と誤認させるような表示をした者」（製造物責任法２条３項２号）<br>③ 「その実質的な製造業者と認めることができる表示をした者」（製造物責任法２条３項３号） |

1 消費者庁「製造物責任法の概要Q&A」Q12

本件における１次サプライヤーは，部品の製造を直接行っているわけではないため，①には該当しませんが，仮に部品がOEM製品であれば②に該当しますし，仮に１次サプライヤーが自己の商号をその部品の販売元として表示し，社会的にも製造業者として認知されているような場合には③に該当しますので，責任を負うことになります。

## 3　免責事由

上記の①ないし③に該当する者であっても，免責事由（製造物責任法４条）に該当する場合には責任を免れることとなります（詳細については2.4を参照）。

本件のような場合では，１次サプライヤーが，完成車メーカーの要求に従って，部品の設計図・仕様等を作成したといった事情があれば，免責事由の該当性を検討することが考えられます。

## 4　完成車メーカー，１次サプライヤー以下の企業間の責任分担

### (1)　責任追及

消費者から直接，損害賠償請求を受けない場合であっても，１次サプライヤーが製造物責任を一切負わないということではありません。「製造業者等」に該当する企業が複数ある場合には，消費者との関係で，欠陥と相当因果関係のある損害について，不真正連帯債務関係に立つことになります。

本件では，完成車メーカーが１次対応を行っていますが，完成車メーカーは，今後，通常有すべき安全性を欠いている部品を納入した１次サプライヤーに対し，求償権を行使してくる可能性があると考えられます。その場合，１次サプライヤーは，納入した部品の欠陥が原因で生じた損害であれば賠償責任を負うことになります。

その後，１次サプライヤーは，欠陥のある部品を納入した２次サプライヤーに求償権を行使することが多いでしょう。

### (2) 責任分担

完成車メーカー以下の企業間での責任分担については，大きく分けて次の事情が影響します。製造物責任法上，原則として通常有すべき安全性を欠いている部品に関する関与の度合いに応じて（以下のア参照），各製造業者等が欠陥と相当因果関係のある損害につき不真正連帯債務を負うことになります。各製造業者等の責任の有無，範囲については個別事情ごとの判断になりますが，各類型ごとの原則的な考え方は，下記①から③のとおりです。

もっとも，各製造業者等の間での取り決め内容，すなわちその部品に関する供給契約の文言によって，その責任の内容，範囲が変わる可能性があります。まずは，本件のように自社が関連する欠陥の存在が疑われる場合には，その部品の製造に関する契約書等を確認するようにしましょう（以下のイ参照）。

#### ア　通常有すべき安全性を欠いている部品に関する関与の度合い

上記のとおり，製造物責任法では，製造物の「欠陥」とは，「製造物が通常有すべき安全性を欠いていること」をいい，その該当性は原則として，個別の判断によることになります（製造物責任法２条２項）。もっとも，この内容は，大きく以下の３類型に分けて考えることができます[2]。

①　製造上の欠陥

例）自動車用燃料添加剤の一部が，製造ライン上の不備によって長距離走行に耐えうる性能を有していなかった場合

この場合，１次サプライヤーにおける受入検査の態様等によっては，１次サプライヤー側の過失も認められる場合もありますが，通常は，部品を製造した２次サプライヤーの責任が大きいケースが多いと思われます。

このような製品は，２次サプライヤーでの検品や，１次サプライヤーにおける受入検査やその後の工程での検査で不合格となるケースが多いと思われ

---

2　消費者庁・前掲注１）Q９

ますが，これらの検査を経ても欠陥を発見できず，消費者にまで提供された場合には製造物の欠陥として問題となります。

②　設計上の欠陥

例）フロントガラス等の凍結防止カバーを付ける際，フックが使用者の身体に当たることを防止するための配慮がなされていなかった場合

このように，たとえ設計（仕様）を満たしていても，部品の効用として消費者が想定する性能を有していないと判断される場合には，事後の調査において，欠陥があったものと認定される可能性があります。

この例では，凍結防止カバーの一部が身体に当たるリスクに対して何ら配慮する措置，設計がされていなかったとして欠陥が認められることになります。

この類型については，「当該製品の危険とその製品分類全体の便益を衡量するのではなく，当該製品の危険と便益を，代替設計における危険と便益とで衡量するのであり，当該製品の危険を回避する余地がある限り，欠陥は否定されない」[3]こととなります。

③　指示・警告上の欠陥

例）車内イオンの吹き出し口に，故障の原因となることからスプレー噴霧等をしないよう禁止する警告をするべきであるにもかかわらず，その旨の警告を怠った場合

危険が内在する部品について，「適切な指示・警告を欠くことは重大な欠陥の判断要因」[4]となります。危険が内在する部品について，適切な指示・警告を行う義務は，完成車メーカーに加え，１次サプライヤー以下の各サプライヤーにおいても認められますので注意しましょう。

3　日本弁護士連合会消費者問題対策委員会編『実践PL法〔第２版〕』41頁（有斐閣，2015）
4　日本弁護士連合会消費者問題対策委員会・前掲注３）36頁

### イ　当事者間の契約における製造物責任に関する規定の内容

当事者間の契約に，製造物責任に関する別途の定めがある場合には，その定めに従うこととなります[5]。他方，別途の定めがない場合には，上記のアに基づき判断されることとなります。

そのため，納品先からどのような範囲で製造物責任に関する請求を受ける可能性があるのか，仕入先にはどのような範囲で責任を追及することができるのか等について，事前に契約書の内容を確認しておくのがよいでしょう。

5　製造物責任法上の責任を一切負わないことを定めたとしても，必ずしも規定どおりの効果が認められるわけではありません（大阪地判昭和42年６月12日下民集18巻５＝６号641頁参照)。そのため，製造物責任に関して完全免責条項が記載されているとしても免責されない場合があることを念頭に置いて，事案に応じて対応していく方がよいでしょう。

## コラム12　海外PL法

自動車部品は世界各国で生産され，貿易取引の対象になっています。中部地方においても，多くの自動車部品サプライヤーが世界中に自動車部品を輸出し，それらの部品が組み込まれた自動車は世界中へ流通しているのです。

日本の製造物責任法のように，製造者が消費者に与えた損害を賠償する責任を定めた法律は，各国で制定されています。諸外国（特にアメリカ）における製造物責任は，日本と比較して高額になることも多く，日本の製造業者からすると想定以上の高額な損害賠償責任を負う可能性があります。

たとえば，ある自動車の部品サプライヤーが，アメリカにおいて「設計に欠陥のある留め具が外れ熱湯により火傷」を負ったとして，20万ドルの損害賠償責任を負った事例があります[1]。そのほか，2020年には，アメリカにおいて，ある除草剤メーカーが，開発した除草剤に発がん性があるとする集団訴訟の原告との間で109億ドルの和解合意を行いました[2]。現在も他の原告との間で同様の訴訟が進行中ということですので，その除草剤メーカーにおいては，今後さらなる費用が発生することになるかもしれません[3]。

なぜ日本と違い，諸外国ではこのように高額な賠償責任を負うことになるのでしょうか。

世界的に見てもPL訴訟が頻発し，その賠償額も高額化しているのが，アメリカです。このようになっている理由は，①完全成功報酬制度により弁護士が主導的に関与して訴訟が提起されることが多いこと，②陪審員制度のもとで，法律専門家ではない陪審員による判断で決せられるため，被害者である原告に有利な結論になりやすいこと，③集団訴訟（クラスアクション）によって，多数の消費者の被害を一つの訴訟手続で救済することが比較的容易であるため，製造業者等に莫大な損害賠償責任が課される可能性があること，④日本とは異なり懲罰的損害賠償制度があるため，賠償額が大幅に加算される可能性があることが挙げられます[4]。

また，実際に訴訟が提起された場合には，判決に至るまでの過程においても，PL訴訟の対象となった企業は，質問書，文書提出要求，証拠録取といったディスカバリー（証拠開示）手続に対応するための莫大なコストを要求されることになります。

このようなリスクを低減するために，自動車部品サプライヤーは，自社の製品が海外（特にアメリカ）に輸出される場合，製品の安全対策を十分に行うといった当たり前の対応に加えて，自社又は川上サプライヤーとの交渉で海外PL保険に加入するということも一つの選択肢となります。

1　日本商工会議所「海外PL保険制度」4頁
https://www.ishigakiservice.jp/wp-content/uploads/2022/08/202207tk_kaigaipl_annai.pdf
2　NOLO "Roundup Cancer Lawsuits"
https://www.nolo.com/legal-encyclopedia/roundup-cancer-lawsuits.html#final-settlement
3　Lawsuit Information Center "Monsanto Roundup Lawsuit Update"
https://www.lawsuit-information-center.com/roundup-mdl-judge-question-10-billion-settlement-proposal.html#:~:text=As%20of%20October%202022%2C%20Monsanto,of%20cases%20in%20the%20litigation
4　日本貿易振興機構（JETRO）「輸出時におけるPL法の対策・留意点：米国」（2017年2月）
https://www.jetro.go.jp/world/qa/04A-000951.html

## コラム13　ビジネスと人権

近年，ビジネスにおいても，製品やサービスを提供して利潤を追求するだけでなく，ステークホルダーの人権を尊重することも重要であると，世界的に認識されるようになってきています。

2011年には国際連合において「ビジネスと人権に関する指導原則：国際連合「保護，尊重及び救済」枠組実施のために」（以下「国連指導原則」といいます。）が策定されました。この国連指導原則に法的な拘束力はありませんが，この分野における国際的な基準として重要なものとなっています。

国連指導原則においては，「人権を尊重する企業の責任」が定められており，企業は，①人権尊重方針の策定，②人権デュー・ディリジェンス・プロセス，③負の影響からの是正プロセスを設けるべきであるとされています（15項）。

世界各国でも，カリフォルニア州サプライチェーン透明法（アメリカ，2012年），英国現代奴隷法（イギリス，2015年），現代奴隷法（オーストラリア，2019年），サプライチェーン・デューデリジェンス法（ドイツ，2023年）といった法律が続々と制定・施行されており，自社内のみならずサプライチェーンをも含めた取引の精査が求められています。なお，世界各国での状況については，JETROが随時レポート[1]を公表しており，参考になります。

日本国内では，2023年４月時点において，企業に人権デュー・ディリジェンス等の義務を課す具体的な法律は定められていません。もっとも，2020年10月には，政府により「「ビジネスと人権」に関する行動計画（2020－2025)」が策定され，国連指導原則の履行に向けて動き始めています。2021年11月に公表されたアンケート調査結果[2]によると，東証１部・２部上場企業で回答のあった760社のうち，人権方針を策定している企業は約69%，人権デュー・ディリジェンスを実施しているのは約52%（うち，間接仕入先まで対象としているのは約25%，販売先・顧客まで対象としているのは約10%～約16%）となっており，国際取引を行うことが多い公開会社では相当数の企業において，ビジネスにおいて人権尊重が重要であると判断して，この分野への対応を進めていることがわかります。完成車メーカーや大手自動車部品メーカーにおいても，2020年以降相次いで国連指導原則や上記の海外法等を踏まえた人権方針が策定・公表されており，サプライチェーンを含めた自社ビジネスにおいて人権を尊重する姿勢が明確にされています。

2022年９月には，政府（ビジネスと人権に関する行動計画の実施に係る関係府省庁施策推進・連絡会議）から「責任あるサプライチェーン等における人権尊重のためのガイドライン」が公表されました。本ガイドラインでは，国連指導原則を踏まえ，企業に対し，人権方針の策定，人権デュー・ディリジェンスの実施，自社が人権への負の影響を引き起こし又は助長している場合における救済を求めています。複層的なサプライチェーンが構築されている自動車製造業においては，非常に重要なガイドラインになっていくものと思われます。そして，完成車メーカーや上位サプライヤーは，自社のみならずサプライチェーン全体についての精査が求められる立場になります。そのため，（現状では海外法の影響を受けないような）相対的には企業規模の小さい下位サプライヤーにおいても，人権尊重が強く求められ，それ自体が取引継続における重要な要素になっていくものと考えられます。

1　2022年７月時点のものとして，日本貿易振興機構（ジェトロ）海外調査部「「サプライチェーンと人権」に関する政策と企業への適用・対応事例」(2022年７月，改訂第６版)

2　経済産業省・外務省「「日本企業のサプライチェーンにおける人権に関する取組状況のアンケート調査」集計結果」(2021年11月)

## コラム14　部品サプライヤーのM&A

昨今流行りのM&Aですが，数社のグループに集約されるようなM&Aが華々しく行われてきた完成車メーカーに比べて，部品サプライヤーレベルでのM&Aはあまり多くないように思われます。

しかしながら，M&Aが一般化していく中で，以下の理由から，今後は日本国内での部品サプライヤーのM&Aも増加していくのではないかと考えられます。

まずは，自動車の動力源がガソリンエンジンから電気へ変わっていくことによる影響です。一般にガソリン自動車の部品点数は，約３万点といわれています[1]。そのため，これらの部品を作り上げるために，多くの部品サプライヤーが必要となり，多くの下請企業を必要とするピラミッドが作られています。これに対して，電気自動車の部品点数は約２万点[2]といわれています。今後生産される自動車がガソリン自動車から電気自動車へと変わっていくことが予想される中で，部品サプライヤーの顔ぶれも大きく変わることになるかもしれません。電気自動車を製造するための部品サプライヤーのピラミッドはまだ固定化しているとはいえないため，新しいピラミッドの中での場所取り合戦が起きているといえます。この新しいピラミッドの中での場所取りにおいては，新しい技術や製品を求められる場合があるため，その場所を求めるためのM&Aが起きてくることが予想されます。

次に，現在自動車部品を作っている部品サプライヤーの株主であるオーナーの代替わりによるものです。戦後新しく勃興してきた日本の自動車部品サプライヤーのオーナーは，すでに２代目や３代目に経営者が代わっているところも珍しくありません。しかし，親族内や従業員で次の後継者を見つけることができない部品サプライヤーもあるところです。事業体としては十分継続していくだけの力を持っている部品サプライヤーであれば，事業を継承したい買主も見つかると思われるため，新しいオーナーを求めてM&Aすることが予想されます。

さらに，優れた技術を持つ日本の部品サプライヤーを虎視眈々と狙っている海外の資本も見られるところです。世界経済における日本の相対的な地盤沈下やこれに伴う円の価値の下落によって，日本の部品サプライヤーの企業価値は相対的に割安になっていくことが予想されます。力をつけてきた海外企業からすると，優れた技術や安定した取引先を持つ日本の部品サプライヤーは，格好のM&Aのターゲットになることが予想されます。

それでは，部品サプライヤーをM&Aで買収する場合には，どのような点を留意すべきでしょうか。

部品サプライヤーとしての事業価値は，適正な部品を製造して，それを納入先に納めることにあります。そのため，買収後もそのような事業を継続することができるかが重要な確認ポイントとなります。網羅的ではありませんが，以下のような点が挙げられます。

まず，安定的な原材料調達先や納入先があるのか。適切な契約があるのかという法的な観点も重要ですが，そもそもそれらの業者との関係がどれだけ強固なのかも重要といえます。

次に，製品を製造するために必要な技術があるのか。もし重要技術について他社からライセンスを受けている場合には，その利用を継続できるか，特許などの知的財産権ではなく，製造ノウハウのような無形の状態であれば，その伝承が可能なのかが重要です。

そして，工場労働者は継続して勤務してくれるのか。工場の稼働のために十分な人数がいるのか。もし従業員がいない場合でも，新規に雇用することができるのか。日本国内では，工場労働者を集めることに苦労している場合も多いため，継続して勤務してくれる労働者が多くいること自体が重要なポイントといえます。また，従業員への未払債務（給与や残業代）がないかは，金額のインパクトが大きくなる可能性があるという意味で重要な確認事項といえます。

1　トヨタ自動車株式会社HP「１台のクルマはいくつの部品からできているの？」
https://global.toyota/jp/kids/faq/parts/001.html

2　大和証券株式会社HP「EV化がもたらす変化」
https://www.daiwa.jp/products/fund/201802_ev/change.html

# 索　引


## 英数

３条書面……121
５条書類……121
CASE……15
EVシフト……20, 38
Well-to-Wheel方式……36

## あ行

アフターサービス……217, 218
安全運転義務……42
著しく累進的なリベート……138
受入検査……187
営業秘密……160, 164

## か行

カーボンニュートラル……19, 38
解除……210, 213
買いたたき……59, 64, 65
開発危険の抗弁……52
過失相殺……210, 215
カスタマイズ部品……124
型式指定……31
型取引……133
貨物自動車運送事業法……40
カルテル……94, 97
勧告……62
企業別平均燃費基準方式……36
危険負担……122
求償権……231
協定規則……30
共同不法行為……56
継続検査……32
継続的契約の解消……110, 201
契約締結上の過失……93, 109
契約の成否……89, 92
契約不適合……123, 210, 215
　——責任……188, 210
減額……60, 64, 65
検査……187
検収……187, 192
　——締切制度……187, 189
限定領域……34, 42
公益通報者保護法……77
購入・利用強制の禁止……118
コンプライアンス……71
コンペ……94

## さ行

債権届出書……152
サイバー攻撃……206
サイバーセキュリティ……206
再発防止策……82
細目告示……30
錯誤……92
サプライチェーン……206
指示・警告上の欠陥……51, 235
下請法……57, 178, 189, 190, 193
私的整理……151
自動運行装置……34
自動運転……16, 33, 42, 46
　——レベル……33
自動車NOx・PM法……37
自動車検査証……31
自動車産業適正取引ガイドライン…132
支払期日……59, 91, 178, 179
支払遅延……60, 64
ジャスト・イン・タイム生産方式…61
修補……210
仕様……101
　——書……99, 190
　——変更……101, 103, 104
省エネ法……36
承認図部品……94, 98
消滅時効……214
書面の交付義務……59
所有権の移転時期……122
新規検査……31

信用不安の兆候 …… 148
製造業者等 …… 47
製造上の欠陥 …… 50, 234
製造物 …… 49
——責任法 …… 47
正当な事由 …… 202
設計上の欠陥 …… 50, 235
先進運転支援システム（ADAS） …… 33
占有率リベート …… 137
騒音 …… 36
——規制 …… 37
——規制法 …… 37
走行環境条件 …… 34
相殺 …… 153
相当因果関係 …… 215
ソフトウェア …… 49
損益相殺 …… 211, 216
損害賠償 …… 210, 213, 215, 223, 226

## た行

大気汚染防止法 …… 37
代金減額 …… 210, 212
貸与品 …… 197
知的財産権 …… 159, 227
帳合取引 …… 138
調達先の信用不安 …… 195
追完 …… 210, 212
通常有すべき安全性 …… 49, 232
電気自動車 …… 18
点検整備 …… 32
電動化 …… 18, 38
電動車 …… 18
倒産解除条項 …… 154, 196
道路運送車両法 …… 30, 34
道路運送法 …… 40
道路交通法 …… 40
道路法 …… 40
独占禁止法 …… 97
特定自動運行 …… 43
トップランナー基準 …… 36
取引基本契約書 …… 189, 191

## な行

内部通報制度 …… 77
燃費規制 …… 36

## は行

排出ガス規制 …… 36, 37
発注内示 …… 112
品質保証 …… 217, 218
不可抗力 …… 141
不祥事 …… 81
不正競争防止法 …… 72
不正のトライアングル …… 73
不適合品 …… 210, 211
不当な経済上の利益の提供要請 …… 59, 178, 180, 181
部品・原材料製造業者の抗弁 …… 52
不法行為 …… 232
不良品 …… 210
別除権 …… 154
保安基準 …… 30, 34, 37
法的整理 …… 152
報復措置 …… 59
補給品 …… 132
補給用部品 …… 128～131, 134, 183
保証 …… 217

## ま行

メーカー保証 …… 218

## や行

有償支給原材料等の対価の早期決済の禁止 …… 120
有償支給材 …… 118

## ら行

ライフサイクルアセスメント …… 38
リコール …… 32, 220, 221
リベート …… 136
量産仕様 …… 96

**【編著者略歴】**

## 和田　圭介（わだ　けいすけ）　　**1.1，1.2，1.3，コラム（8，10，14）担当**

2004年京都大学法学部卒業，2005年弁護士登録（58期 第二東京弁護士会），2005年～2015年クリフォードチャンス法律事務所外国法共同事業，2008年仏系ブランド企業日本支社（出向），2010年デューク大学ロースクール卒業（LL.M.），2010年クリフォードチャンス香港（出向），2011年大手財閥系総合商社の英国会社（出向），2013年ニューヨーク州弁護士登録，2015年IBS法律事務所開設（愛知県弁護士会に登録替え），2017年オリンピア法律事務所パートナーとして参画，2019年株式会社アイケイ取締役（監査等委員）

＜主な著作＞

『図説金融商品取引法』（学陽書房，2006年，共著），『ケースでわかる金融商品取引法』（自由国民社，2009年，共著），『中小企業法務のすべて［第２版］』（日本弁護士連合会 日弁連中小企業法律支援センター編，商事法務，2023年，共著）

## 杉谷　聡（すぎたに　さとる）

**2.1，2.2，2.3，3.2，5.2，コラム（1，2，3，4，11）担当**

2016年一橋大学法学部卒業，2017年弁護士登録（70期 愛知県弁護士会），2017年オリンピア法律事務所入所

【執筆者略歴】

**夏目　久樹**（なつめ　ひさき）　**3.10，4.2，コラム（13）担当**

2004年名古屋大学法学部法律政治学科卒業，2006年弁護士登録（59期 愛知県弁護士会），2006年～2014年名古屋市内の法律事務所，2014年夏目総合法律事務所開設，2017年オリンピア法律事務所パートナーとして参画，2017年グロービス経営大学院経営研究科修了（MBA）

＜主な著作＞

『弁護士と税理士が考える破産・再生の実務』（愛知県弁護士会・東海税理士会（愛知県支部連合会）・名古屋税理士会（名古屋税務研究所），2014年，共著），『弁護士と税理士が考える相続法と相続税法』（愛知県弁護士協同組合・名古屋税理士会（名古屋税務研究所）・東海税理士会（愛知県支部連合会），2017年，共著），『借地上の建物をめぐる実務と事例－朽廃・滅失，変更，譲渡－』（新日本法規，2018年，共著），『弁護士と税理士が考える中小企業の事業承継』（愛知県弁護士会・名古屋税理士会（名古屋税務研究所）・東海税理士会（愛知県支部連合会），2020年，共著），『事件類型別 弁護士会照会［第２版］』（日本評論社，2020年，共著）

**竹内　千賀子**（たけうち　ちかこ）　**6.1，6.2，6.3，コラム（9）担当**

1998年名古屋大学法学部法律学科卒業，1998年～2001年一宮市役所，2006年弁護士登録（59期 東京弁護士会），2006年～2013年奥野総合法律事務所，2009年日本証券業協会法務部（出向），2013年～2017年せいりん総合法律事務所パートナーとして参画（愛知県弁護士会に登録替え），2017年オリンピア法律事務所パートナーとして参画，2018年８月～2021年７月愛知県中小企業再生支援協議会（現中小企業活性化協議会）マネージャー

＜主な著作＞

『Ｑ＆Ａ親子・関連会社の実務・改訂版』（新日本法規，2007年，共著），『Ｑ＆Ａ株式・社債等の法務と税務・改訂版』（新日本法規，2008年，共著），『地方自治法判例質疑応答集・改訂版』（ぎょうせい，2009年，共著），『子どもの権利をまもるスクールロイヤー－子ども・保護者・教職員とつくる安心できる学校－』（風間書房，2022年，共著）

**岡部　真記**（おかべ　まき）　**3.3，3.4，3.5，3.7，3.8担当**

2003年慶應義塾大学法学部法律学科卒業，2006年慶應義塾大学法科大学院修了，2007年弁護士登録（新60期 大阪弁護士会），2007年～2012年大江橋法律事務所，2013年川上・原法律事務所入所（愛知県弁護士会に登録替え），2017年２月オリンピア法律事務所パートナーとして参画，2017年中国天津市南開大学漢語言文化学院，2020年中国天津市南開大学法学院（経済法学）卒業（法学修士）

**田代　洋介**（たしろ　ようすけ）　**4.1，6.4担当**

2010年静岡大学人文学部法学科卒業，2013年南山大学法科大学院法務研究科修了，2014年弁護士登録（67期 愛知県弁護士会），2014年～2017年川上・原法律事務所，2017年オリンピア法律事務所参画，2022年オリンピア法律事務所パートナー就任

**石井　大輔**（いしい　だいすけ）　**3.6，3.9，3.11，5.3，5.4担当**

2011年同志社大学法学部法律学科早期卒業，2014年名古屋大学法科大学院修了，2015年弁護士登録（68期 愛知県弁護士会），2015年～2017年川上・原法律事務所，2017年オリンピア法律事務所参画，2021年オリンピア法律事務所パートナー就任，2022年中小企業版私的整理手続・第三者支援専門家候補登録，2022年経営革新等支援機関登録

＜主な著作＞

『ストーリーで学ぶ　初めての民事再生』（中央経済社，2019年，共著），『次世代ビジネス対応契約審査手続マニュアル』（新日本法規，2022年，共著）

**平岩　諒介**（ひらいわ　りょうすけ）　**コラム（5）担当**

2014年立命館大学法学部卒業，2016年名古屋大学法科大学院修了，2019年弁護士登録（72期 第二東京弁護士会），2020年～2022年弁護士法人大西総合法律事務所，2022年オリンピア法律事務所入所（愛知県弁護士会に登録替え）

**若松　万里子**（わかまつ　まりこ）　**2.5，3.1，5.1担当**

2009年南山大学総合政策学部総合政策学科卒業，2010年～2012年JICA青年海外協力隊（派遣国：ブルキナファソ，業種：統計），2013年神戸大学大学院国際協力研究科地域協力政策専攻博士課程前期課程修了（経済学修士），2017年神戸大学大学院国際協力研究科地域協力政策専攻博士課程後期課程中退，2019年名古屋大学法科大学院修了，2020年弁護士登録（73期 愛知県弁護士会），2020年オリンピア法律事務所入所，2023年ボーダーフリー法律事務所開設

**森下　実名子**（もりした　みなこ）　**2.4，4.3，6.5，コラム（12）担当**

2013年韓国成均館大学法学部留学（キャンパスアジアプログラム正規課程修了），2015年名古屋大学法学部卒業，2018年名古屋大学法科大学院修了，2020年弁護士登録（73期 愛知県弁護士会），2020年オリンピア法律事務所入所

**松本　健大**（まつもと　けんた）　**コラム（6）担当**

2019年立命館大学法学部退学，2021年立命館大学大学院法務研究科法曹養成専攻修了，2022年弁護士登録（75期 愛知県弁護士会），2022年オリンピア法律事務所入所

**並木　亜沙子**（なみき　あさこ）　**2.6，コラム（7）担当**

2010年アリゾナ大学国際学部卒業，2011年上海５つ星ホテル勤務，2012年タイにて株式会社BLEZ ASIA勤務，2017年弁理士試験合格，2022年弁護士登録（75期 愛知県弁護士会），2023年オリンピア法律事務所入所

**【事務所紹介】**

## オリンピア法律事務所

2017年2月，名古屋で企業法務を中心に取り扱う弁護士が結集して，設立した法律事務所。「中部発，前進する人とともに未来を創る！」をミッション（使命）として，オリンピアから平和の灯（聖火）が世界に届けられるように，質の高いリーガルサービスを皆様に提供すべく試行錯誤と切磋琢磨を続けている。企業法務を中心に取り扱う法律事務所としては，中部圏で最大規模の法律事務所の一つである。2022年，ロイター *Asian Legal Business* 誌において，首都圏外の都市又は地域において特に目覚ましい活動を行っている法律事務所として『首都圏外の法律事務所トップ10』に選ばれた。


**自動車部品メーカー取引の法律実務**

2023年7月5日　第1版第1刷発行

編著者　和田圭介
　　　　杉谷聡
発行者　山本継
発行所　㈱中央経済社
発売元　㈱中央経済グループパブリッシング
〒101-0051　東京都千代田区神田神保町1-35
電話　03（3293）3371（編集代表）
　　　03（3293）3381（営業代表）
https://www.chuokeizai.co.jp
印刷／㈱堀内印刷所
製本／㈲井上製本所




＊頁の「欠落」や「順序違い」などがありましたらお取り替えいたしますので発売元までご送付ください。（送料小社負担）


ISBN978-4-502-46131-6　C3034